尤里卡科学馆

无眼大眼狼蛛到底有没有眼睛

奇奇怪怪的动物冷知识

尹传红 / 主编

施鹤群 / 著

李梦雪 / 插图

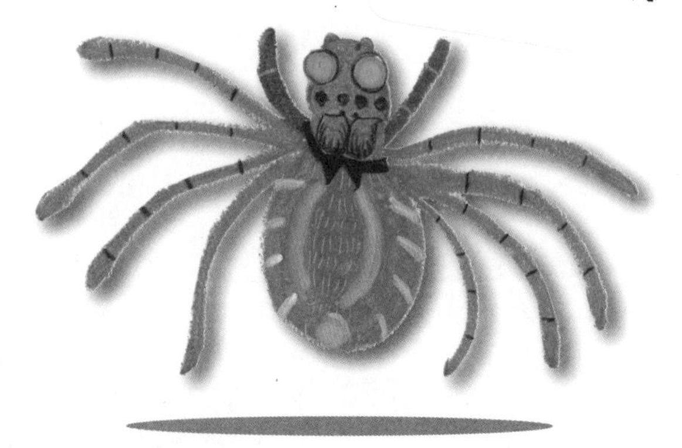

上海科技教育出版社

主编的话

树懒到底有多懒？真的有让自己好斗的激素吗？开车最经济的速度是多少？假目标是怎样迷惑来袭导弹的？

这样一些有趣的话题，在“尤里卡科学馆”丛书的4个分册里，随处可觅。

这是一套面向中小学生的图文科普丛书。它以通俗易懂、生动诙趣的笔触，介绍了涉及动植物、天文地理、人体和军事等诸多方面的科学知识，突显了探索科学奥秘之乐趣所在，也展现了科学与人文、艺术相结合的魅力。

我相信，青少年朋友读后一定会增进对自然界和我们自身的了解与认识，增强对科学的亲近感。同时，它也必然有助于锤炼孩子们的逻辑思维能力和想象力，激发创新思维的火花。

阅读优秀的科普作品，对青年学子的精神发育和健康成长，影响甚深，至关重要。据我所知，许多著名的科学家，小时候就是因为接触到优秀的科普读物而对科学产生兴趣，渐渐地走进了科学的世界。

“创新兴则国家兴，创新强则国家强”。如今，国家已经把科学普及和科技创新提升到了同等重要的位置，并且致力于建设创新型国家，强调不断创新，要站在世界科技发展的前列。如果说，科技创新和科学普及是创新发展的一体两翼，那么，这推动创新发展的两翼应该比翼齐飞才好。也正是从这个意义上讲，我认为做好科学普及和科学教育，就是为未来的科技创新奠基，提供的是一种基础性的支撑。科学普及和科学教育，就应该有这样的高度与担当。

上海科技教育出版社多年来一直致力于谋划出版面向中小学生的原创科普精品，期望青少年读者经由阅读而理解科学、欣赏科学、参与科学，领悟科学方法、科学精神和科学思想的精髓，并能以理性思维进行观察和思考，进而实现课程内容之外的知识拓展、探究和创新思维的延伸，进一步提高素质与能力。“尤里卡科学馆”丛书，正是在这样的背景下应运而生的。

好书便是好伴侣。最是书香能致远。

我热切地期盼，“尤里卡科学馆”丛书能够成为青少年朋友悦读探索的好伴侣。

愿你们在阅读中思考，在思考中进步，在进步中成长！

尹传红

2019年7月

这是真的吗？

有趣的特性

它们和我们

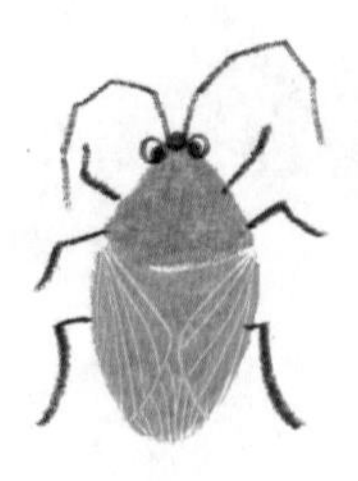

小小之『最』

小小蜂鸟记性好

在美洲山区茂密的丛林里，生活着世界上体型最小的一类鸟——蜂鸟。蜂鸟科有超过 300 种鸟，最小的一种身长还不到 3 厘米，重量不到 20 克，产的卵也只有一粒小豌豆那么大。它们在采食花蜜的时候也不停下来，两只翅膀飞快地扑动，发出“嗡嗡”的声音，就像蜜蜂一样。蜂鸟体态优美，色彩艳丽，被誉为“森林女神”。

蜂鸟的大脑最多只有一粒米大小，但它们的记忆力却相当惊人。英国和加拿大的研究人员发现，蜂鸟不但能记住自己刚刚吃过哪些食物，还能记住自己大约是在什么时候吃的，这样它们就能“有计划”地去品尝还没有吃过的东西了。蜂鸟一直都在快速拍打翅膀，心跳每分钟有 500 下，每天消耗的食物重量远远超过了自己的体重。由于蜂鸟的代谢是所有动物中最快的，消耗能量也非常快，所以不能浪费时间和气力重复拜访已经采过花蜜的花朵——至少要等到这些花朵补充了花蜜之后。最终，蜂鸟就进化出了这种惊人的记忆技能，能准确记住已采过的花朵位置和采蜜时间。不仅如此，它们还能计算回访时间，花朵的“糖果店”刚补充好花蜜，它们就又飞回来了。

为了检验蜂鸟的这种本领，英国爱丁堡大学的希利和几个同事做了一个实验。他们布置了一组假花，共8朵，每朵花里洒上糖水，放到生活在加拿大落基山脉的蜂鸟领地内。有几朵花每隔10分钟加一次糖水，其余的花朵每隔20分钟加一次糖水，研究人员一旁观察蜂鸟造访每朵花的频率。结果让人难以相信！蜂鸟心里似乎揣了8只同步计时的秒表，它们很快就知道有些花可以每隔10分钟采一次，有些花隔20分钟采一次，而且它们还知道先采哪朵，后采哪朵！科学家虽然已经了解蜂鸟善于记忆地点，但没想到这些小家伙记忆时间的能力也这么好。科学家认为，蜂鸟是唯一一种能记住食物地点和进食时间的鸟类，以前他们认为只有人类才有这样的记忆能力。

除了对食物的绝佳记忆力，蜂鸟还能清楚地记住数千千米长的迁徙路线。

每年冬天，生活在加拿大的蜂鸟从寒冷的落基山脉飞行几千千米到达温暖的墨西哥地区越冬。到了第二年春天，它们再次千里迢迢返回落基山脉繁育后代。

然而在现代社会，森林逐渐被砍伐，人们传统的耕作方式也在改变，蜂鸟赖以生存的栖息地逐渐被破坏，有的蜂鸟面临灭绝的危险。有时候，蜂鸟会误入车库而被困，因为它们会将红色的门把手误认为是花朵。一旦被困，蜂鸟会凭着本能反应不停地向上飞，最终由于体力耗尽而死亡。如果碰到蜂鸟被困，你可以轻轻抓住它，捧到室外，将美丽的“森林女神”放归大自然。

能放在杯子里的狗

你知道狗的品种有哪些？边境牧羊犬、贵宾犬、拉布拉多犬、金毛犬……这都是很常见的一些家庭犬。其实，世界上有 400 多种纯种犬，任何一种都可以与其他犬配种，产生不同的犬种。有的高大如小马，有的小巧如猫咪。2013 年 2 月，吉尼斯世界纪录认定，世界上最小（高度）的狗是一只叫“米莉”的棕色吉娃娃。米莉生活在波多黎各，只有 9.65 厘米高，和一只女士高跟鞋差不多高，可以轻易放进一个小手包里。

吉娃娃是我们现在所知道的最古老的犬种之一，这个可爱的名字来自墨西哥地名奇瓦瓦，据说吉娃娃就来源于此地。一般来说，纯种吉娃娃约 20 厘米高，重不到 2.5 千克。吉娃娃头部圆圆，耳朵大、薄而直立，眼睛又圆又大。它们姿态优雅，动作迅速，精力充沛，勇敢又忠心，是非常受欢迎的小型犬。因为体形小，吉娃娃对生活空间的要求不高，一般家庭住所的空间就够它玩耍了，而且，吉娃娃每天的运动量也不大，不需要像大型犬一样花费时间带出去玩，特别适合居住在高层公寓里的人们饲养。不过，吉娃娃容易发起攻击，一般不适合有小朋友的家庭，也不适合那些耐心不足的家庭。

吉娃娃特别喜欢它们自己的窝，会抓挠自己的枕头、衣服和毯子。它们还喜欢躲在床底或者黑暗的地方，觉得这样更安全。饲养吉娃娃的家庭，很有可能主人下班回到家后发现，枕头被扒开，羽毛到处飘飞，地上是乱七八糟的衣服，而吉娃娃正躲在床底。

很多人喜欢吉娃娃的大眼睛。不过，吉娃娃的大眼睛虽然可爱，但因为眼球有些凸出，容易对干燥的空气、灰尘以及其中的过敏原产生反应，引起感染。吉娃娃在激动或者冷的时候会颤抖，因此天冷的时候，它需要一件毛衣，甚至靴子。

吉娃娃活泼可爱，但吉娃娃混种就难说了。2011 年，在

第23届“世界最丑的狗”比赛中，14岁的混有吉娃娃和中国冠毛犬血统的小狗“尤达”凭借其超长的舌头、杂乱无章的毛、光秃秃的双腿和大小不一的奇怪眼睛，击败一众“丑狗”，荣获当年“世界最丑的狗”称号，他的主人也获得了1000美元的奖励。据说主人当时

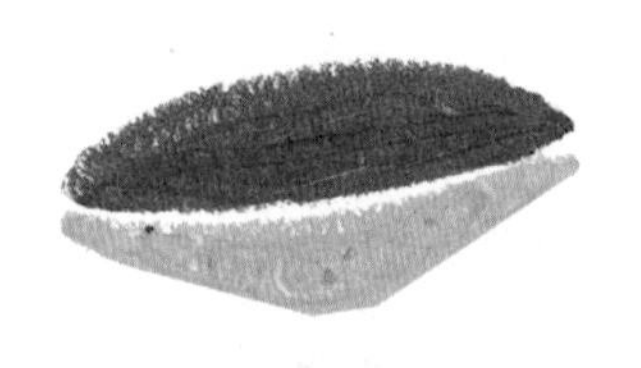

发现它的时候吓了一跳，还以为是一只老鼠，后来才发现尤达是因为太丑而被遗弃的小狗。尽管比赛选出的是最丑的狗，但赛会的理念应该被广为传播：有的狗也许不完美或者有缺陷，但它们都是可爱的，应该被人们接受。

除了吉娃娃，约克夏梗犬和马耳他犬也是深受人们喜爱的玩赏犬。尤其是马耳他犬，因其雍容华贵、美丽迷人的外貌博得古代王公贵族们的垂青，饲养马耳他犬盛行于上流社会。这些小型犬的幼崽只有茶杯那么大，因此也被人们称为“茶杯犬”。

跻身濒危物种的“鼠”

曾经“老鼠过街，人人喊打”，然而属于老鼠家族一员的水田鼠在英国不仅不被打，还受到保护。英国有一个沿运河建立的水田鼠栖息地，除了为水田鼠提供更好的穴居空间外，还种植了很多它们喜欢的植物。甚至为了方便水田鼠登上运河岸，人们还特地安装了一些田鼠梯子，供它们攀爬。

水田鼠体长 14 到 22 厘米，尾巴占体长的 1/2。它的被毛蓬松，吻部短而钝，耳朵短小，栖居地下，以植物为食。水田鼠主要生活在水速缓慢的河流、小溪或其他水道岸边。它们能在河流里游泳，也能上岸，经常在河岸边打洞。水田鼠是打洞的能手，水田鼠的洞穴分为好几层，既能防洪又能居住，还可以储存食物。

水田鼠的主要天敌是美国水貂。在20世纪20年代，随着皮草交易的兴起，英国人大量养殖进口的美国水貂，水田鼠就倒霉了。从养殖场逃出去的水貂及它们的后代把水田鼠作为美食，英国很多地方的水田鼠被消灭殆尽。水田鼠的数量在30年里骤降了约90%，成为英国最濒危的哺乳动物之一。

在英国童话作家格雷厄姆的《柳林风声》中，热情好客、充满浪漫情趣的水田鼠与鼹鼠、獾、癞蛤蟆结伴畅游世界。据说格雷厄姆童年时期曾在位于泰晤士河畔的祖母家居住，他看到过大量的水田鼠在河堤筑穴，因此把水田鼠写进了童话。

水田鼠可爱的形象也吸引了摄影师的眼球。一位英国野生动物摄影师花了九年的时间，在英国肯特郡梅德斯通附近的小溪边拍摄水田鼠的生活。摄影师常常穿着防水胶靴，准备好相机，在水田鼠生活地附近耐心地等上好几个小时，抓拍水田鼠完美的瞬间。

而同是老鼠家族一员的东方田鼠就没有水田鼠幸运了。东方田鼠也栖居在河流、小溪沿岸的荒草丛里和多草松软的湖滩边。它们和水田鼠一样也是游泳健将，会潜水，可在水底潜行数百米远。它们以草本植物的茎、叶、根、幼芽及农作物种子，如稻、麦、黄豆、花生等为食物。在农作物成熟期，东方田鼠向田间迁移，大量盗食庄稼，还啃坏树木。所以，东方田鼠是农林害鼠。东方田鼠有季节性迁移习性，当洪水来临时，它们成群迁往周围农田，进一步加重对农田的危害，甚至形成鼠灾。所以东方田鼠是人类灭杀的对象。

鼠害成灾还可能有另一个原因：一些地方的生态平衡遭到破坏，东方田鼠的天敌猫头鹰、野蛇等的数量急剧减少，特别是野蛇成了人们餐桌上的美食后，失去天敌的东方田鼠大量繁殖，终成祸患。2007 年 6 月，洞庭湖周边约有 20 亿只东方田鼠从洞庭湖滩向堤垸内转移，对当地农作物造成严重破坏。尽管当地百姓采取紧急措施对田鼠进行围追堵截，但很多农作物仍被田鼠啃光，就像收割机收割过一样。

尽管英国水田鼠和东方田鼠同为“鼠”，但因为生活习性和特性不同，命运真是天壤之别啊！

无所畏惧的蜜獾

世界上胆子最大的动物是什么?

是老虎? 不! 是狮子? 不! 是眼镜蛇? 不!

据吉尼斯世界纪录记载，“世界上最无所畏惧的陆地哺乳动物”是蜜獾。

蜜獾身体壮实，体长一般不超过 1 米，头部宽阔，眼睛小，几乎看不出耳朵。蜜獾虽然叫做獾，其实是鼬科动物，黄鼠狼、水獭、水貂都是它的近亲。蜜獾的长相与普通獾很像，又喜爱吃蜂蜜，才得名“蜜獾”。它们居住在各

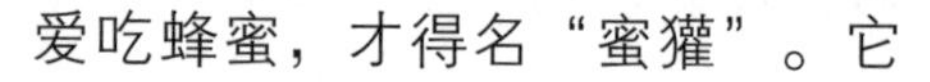

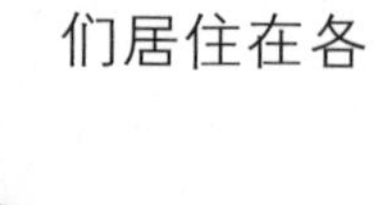

种类型地带，包括雨林、开阔的草原和水边，或者居住在土豚等动物遗弃的洞穴里。它们喜欢白天睡觉，夜间捕食，是个独行侠。

蜜獾看起来很可爱，实际上却并非如此，它们性格凶猛、好斗，敢从熊、猎豹的嘴里抢夺食物。蜜獾的胃口极好，从不挑肥拣瘦，有什么吃什么，不放过任何一个美餐的机会。从蜜蜂、蚂蚁到兔子、野果，甚至最毒的眼镜蛇，在蜜獾看来都是一盘小菜——被眼镜蛇咬了一口，眯一会儿就没事了，醒了继续吃。直到现在，科学家也没有破解蜜獾不怕蛇的原因。

蜜獾的凶猛众所周知，但它们一般不主动招惹是非，尽量避免冲突。不过，蜜獾也不怕事，敏捷的非洲豹至少也要花费 1 小时才能将它制服，多数情况下蜜獾能和豹打成平手。由于蜜獾这种天不怕地不怕的性格，世界上愿意收容蜜獾的动物园屈指可数，所以我们很少能在动物园内看到它们。

雌性蜜獾比雄性小一些，一般只有 6 千克左右，活动范围超过 130 平方千米。蜜獾妈妈每三五天就要叼着自己两个月大的孩子，疾走两三千米寻找新的洞穴。一旦幼崽能够自己行走，蜜獾妈妈就和孩子分开在不同的洞穴居住，以降低被捕猎者一网打尽的概率。

十分有趣的是，蜜獾特别爱吃蜂蜜，它寻找蜂巢的时候有个伙伴提供帮助——响蜜䴕，一种比麻雀稍微大一些的鸟。野蜂常常把巢筑在高高的树上，蜜獾不容易找到。响蜜䴕能发现蜂巢，但自己无法捣毁，便去请蜜獾帮忙。为了吸引蜜獾的注意，响蜜䴕扇动翅膀，不停地鸣叫，蜜獾便循着响蜜䴕的叫声找到目标。蜜獾粗糙的皮毛能抵御蜂群的攻击，它用强壮有力的爪子扒开蜂巢，饱餐一顿，然后给响蜜䴕留下一点蜂蜜、蜂蜡和它们最喜欢吃的幼虫。

所谓“艺高人胆大”，小个子的蜜獾捣蜂巢，斗狮虎，从熊和猎豹嘴里夺食，很难不赢得动物圈和人类的尊重。不过，蜜獾有时也会为此付出生命的代价，被群蜂蜇死，或是丧命狮口。但是，蜜獾品尝美味的蜂蜜，以及在狮群中惬意散步……这也不是其他动物能感受到的。

动物界的速度冠军

要是动物界举办运动会，速度冠军会是谁？

将运动项目分为陆地、空中、水下三种，根据动物的不同种类，这些冠军奖牌得主分别是：

陆地上跑得最快的鸟——鸵鸟，时速达 60 千米

陆地上短跑最快的动物——猎豹，时速达 112 千米

陆地上长跑最快的动物——藏羚羊，时速 70—100 千米

游得最快的鱼——旗鱼，时速达 110 千米

飞得最快的鸟——尖尾雨燕，平均时速 170 千米，最快可达 352 千米

显然，动物没有举办过运动会，世界上也没有专门记录动物运动速度的组织。不过，凭借一些人的观察和记录，上述这些不精确的数字也有一定的参考价值。

鸵鸟生活在非洲大陆，不仅是陆地上跑得最快的鸟，还

是世界上最大、最高的鸟。成年鸵鸟的身高可达2.5米，体重达150千克。鸵鸟龙骨突不发达，不能飞行，因后肢粗壮有力，更适于奔走。长久以来，人们都认为鸵鸟遇到危险会把头埋在沙子里以逃避现实。其实，作为陆地上跑得最快的鸟，鸵鸟应对危险的方法就是“跑为上策”。如果没能跑掉，鸵鸟还能与敌人搏斗，它强壮的双足足以扳倒一头狮子，宽大翅膀虽然不能飞，但可以助攻。那么，鸵鸟“顾头不顾身”的说法从何而来呢？原来，为了帮助胃磨碎食物，鸵鸟要吞食细沙和小石子，所以会把头低下来找石头吃。事实上它们并没有把头藏起来，而且也没有人真正看到过鸵鸟将头埋到沙子里。

猎豹是陆地上短跑最快的动物，如果让它和跑得最快的人类比赛，会出现什么情况？2013年5月，美国国家地理野生频道邀请了美国橄榄球联盟跑得最快的两位运动员和两头猎豹一较高下。工作人员专门修建了一条长约67米的跑道，并砌了一堵高墙将运动员和猎豹分隔开。跑道周围架设了20个摄像机，全方位捕捉运动员和猎豹的动作。结果发现，即便是公认跑得最快的博尔特（曾创百米世界纪录9秒58），在百米赛场上和猎豹比赛，也比猎豹慢3秒多！

旗鱼算是动物界中的游泳冠军，时速约为90千米，短距离的时速约为110千米，一秒能游30多米远。我们熟知的游泳能手海豚的时速也没有旗鱼快。旗鱼的速度和它的身体结构分不开，它在游泳的时候会放下背鳍以减少阻力，长剑般的吻突能快速将水向两旁分开，不断摆动的尾鳍就像一部推进器，再加上流线型的身躯、发达的肌肉，使得旗鱼能飞速前进。由于旗鱼速度快，尖利的吻突非常坚硬，它们甚至能穿透轮船的甲板，英国曾将一款鱼雷命名为“旗鱼”，是当时英国军队装备的速度最快的鱼雷，时速达 130 千米。

欲与飞机试比长

如果把一头成年蓝鲸和一架波音737放在一起，你会发现什么？

蓝鲸几乎有737飞机那么长！没错，蓝鲸就是地球上现存体积最大的生物，也是海洋哺乳动物的代表。一头成年蓝鲸体长可达33米，重达180吨，有35头非洲象那么重。蓝鲸宝宝也是动物界的“超级巨婴”，当它长到9个月大断奶时，已经有5层楼那么高了。

蓝鲸的大块头给它带来了大声音，一嗓子能喊到188分贝，荣获“地球上最大嗓门”的称号。“鲸歌”

到底有多宏亮呢？电钻和电锯的噪声约为 80 分贝，这就已经让人坐立不安、情绪烦躁了；全速行驶的一级方程式赛车发出的噪声超过 150 分贝，会导致耳聋，赛车手必须佩戴耳塞，连看台前排的观众都能感受到噪声造成的空气振动。人类迄今为止记录到的最大音量是在 1883 年，喀拉喀托火山爆发时，科学家在相隔一定距离的位置处，测量到火山喷发时的音量约为 180 分贝。人类耳膜能够承受的音量上限是 160 分贝，超过这一音量，耳膜可能就会受损破裂。所以说面对蓝鲸的歌声，“震耳欲聋”恐怕会成为现实。

“鲸歌”不仅超级响亮，在水中还能传播很远的距离，蓝鲸借此与相隔非常遥远的伙伴交流，可谓“千里传音”。这与它们的生活习性有关。在远古时代，鲸的祖先生活在陆地上。河马是鲸现存血缘关系最近的陆地亲属，但不是鲸的祖先。距今约 5000 万年前，陆地上的食物短缺迫使鲸的祖先去水中求生，开启了水中进化这一勇敢而伟大的历程。几千万年过去了，鲸的外形发生了显著的变化，长得非常像鱼。不过，鲸的游泳方式和鱼类不同：它们的尾鳍是上下摆动，而不是像鱼那样左右摆动。观察奔跑中的猎豹你会发现，猎豹的脊柱在跑动中像波浪一样上下起伏，鲸在游泳的时候也是这样，这是陆地祖先留给它们的遗产。鲸生活在海洋中，原本陆地上需要的敏锐的嗅觉和视觉无用武之地，声音就逐渐成为鲸沟通、求偶、定位的重要手段。与其他鲸类相比，蓝鲸更喜欢独居，这就给相互

沟通提出了更高的要求。蓝鲸用低频率的声音进行通信，它们可以根据细微的音调变化判断同伴行进的方向和速度。

有趣的是，蓝鲸选择低频率的“歌声”作为沟通手段是非常科学的。人们通过实验发现，在水下通信的时候，低频声音损耗少、传播距离远。现在，很多国家已经将低频通信技术应用在潜艇上，以获得更长距离的传播与联络。看来，“大块头”蓝鲸也有大智慧哦！

虽然是一个庞然大物，蓝鲸的喉咙却只有沙滩排球那么大。它最爱的食物是磷虾，一口气能吞下将近 1 吨的量，每天要吃 4 吨才能吃饱，这大约是 4000 万只小虾米。蓝鲸经常长途旅行，南北两极之间的各大洋中都有它们的身影，尤其在南极附近。冬天它们在两极补充食物，夏天就去赤道求偶。蓝鲸还是地球上的长寿动物之一，科学家们通过蓝鲸的耳屎层来判断它们的年龄。据说科学家曾数过的一只蓝鲸的耳屎层达到 100 层，也就是说这头蓝鲸有 100 岁！

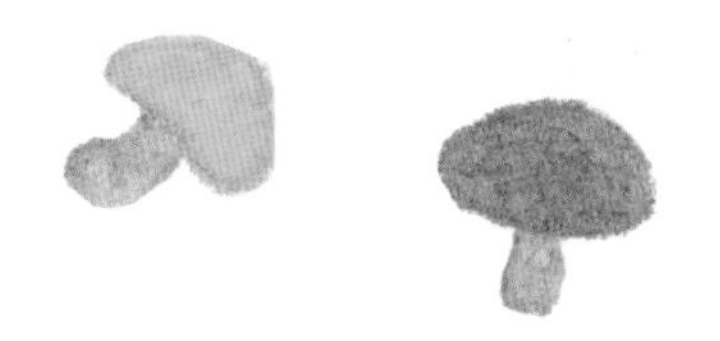

蚂蚁大力士

在人类中，举重运动员绝对是最强壮的了，他们最多可以举起相当于自身体重 2—3 倍的重物。然而在自然界，人类绝非最强壮的生物，许多动物拥有超乎想象的惊人力量。亚洲象只用鼻子就能举起重达 300 千克的巨大原木，非洲象体型更大，它们的力量可能更强。不过，要是动物界举行运动会，按照体型与力量对比，举重比赛金牌得主将是小小的蚂蚁！它们能举起相当于自身体重100倍的重物，是名副其实的“大力士”。

蚂蚁是一种常见的昆虫，群居在一起，群内有蚁后、雌蚁、雄

蚁和工蚁，分工不同，在蚁群中的职责也不同。其中，大力士就是工蚁，它们是干活的能手，寻找、搬运食物，整天忙碌不停，毫无怨言。以前人们发现，一只 5 毫克重的蚂蚁能够举起一片 500 毫克重的药片，10 多只团结一致的蚂蚁，能够搬走超过它们自身体重 5000 倍的食物，这相当于 10 个平均体重 70 千克的成年男性搬运 3500 吨的重物，即平均每人搬运 350 吨。人们据此猜测，蚂蚁可以承受自身重量 1000 倍的压力，而最新的研究数据让研究人员大吃一惊。美国科学家发现，蚂蚁的颈部关节可以忍受自身重量 5000 倍的压力！当然，科学家也认为能承受的力量和负重不是一回事，能够真正运载的重量（负重）一般都会比承受力小很多。即便这样，蚂蚁的负重能力也足够让人咋舌了。

小小的蚂蚁为什么能有如此大的力气？它们的力量是从哪里来的呢？

科学家进行了大量实验研究后，终于解开了这个谜。原来，蚂蚁脚爪里的肌肉群就像是一台效率非常高的发动机，这台“肌肉发动机”又由几十亿台精妙的“小发动机”组成。我们知道，任何一台发动机想要产生动力，都需要有一定的燃料，如汽油、柴油、煤油等，并伴随有热能等损失。但是，蚂蚁的“发动机”使用的是一种特殊“燃料”，不仅不用燃烧，还不会造成任何能量损失。这种“燃料”是一种结构非常复杂的含磷化合物，肌肉活动时产生的一点儿酸性物质就能引起这种“燃料”发生剧烈变化，将潜藏在体内的能量释放出来，并从生物能转变成机械能，而且效率特别高。蚂蚁的“肌肉发动机”就是它能成为“大力士”的原因。

蚂蚁的特殊技能激发了科学家研究蚂蚁的热情，人们认为，如果能将蚂蚁脚爪般的灵巧与力量应用到现代工程技术上，必将引起一场技术变革，电梯、起重机和其他机械设备的面貌将焕然一新。

千杯不醉的笔尾树鼩

形容一个人酒量过人，人们常常说他“海量”。不过酒量再好的人，恐怕也难以做到顿顿豪饮而不醉，更不用说酒精对神经造成的负面影响了。然而，生长在马来西亚热带丛林中的笔尾树鼩，却可以过着每天以“酒”为食却清醒如初的日子，堪称世界上酒量最好的动物。

笔尾树鼩是一种灵长类动物，是现存生物中与生活于5500万年前的灵长类祖先最相近的物种，被称为“活化石”。

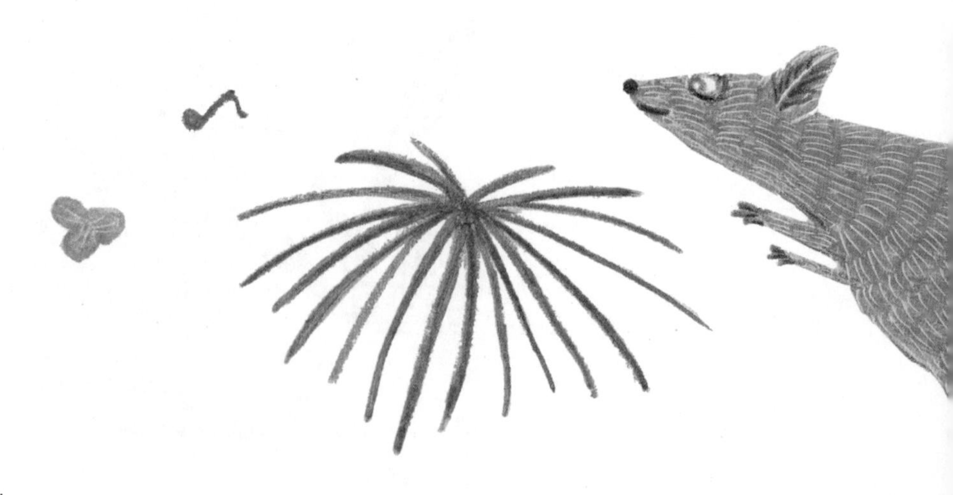

这种树鼩与老鼠体型相似，尾巴形似羽毛笔，因此得名。

笔尾树鼩的食物是马来西亚丛林中广泛分布的一种树木——玻淡棕榈的花蜜。花蜜在天然酵母的作用下自然发酵，产生酒精，其酒精含量与普通啤酒相当，约为 3.8%，是自然界中酒精含量最高的天然食物之一。研究人员发现，笔尾树鼩每天都要摄入含酒精食物，相当于平均每天在这种棕榈树上狂饮 138 分钟，却没有明显的醉酒迹象。要知道，成年笔尾树鼩的平均体重只有 47 克！包括人在内的其他哺乳动物如果像它们一样豪饮，恐怕每天都要晕晕乎乎了。

动物世界的其他成员也会摄入酒精，但笔尾树鼩与众不同，它每天“把酒问月”，血液中的酒精含量高得足以威胁到大多数动物的生命，为什么它却能千杯不醉呢？

由于笔尾树鼩和人类祖先有许多相似之处，科学家们想通过研究笔尾树鼩，为研究人类饮酒和酗酒行为提供借鉴。科学家认为，动物摄入的热量越多，它获得的能量就越多，生存的可能性也就越大。笔尾树鼩可能在进化过程中发现，食用这种含有酒精的花蜜可以达到热量顶峰，获得最多的生命活动所需要的能量。笔尾树鼩不会酒醉或宿醉是由于它在进化过程中获得了一种分解或排出酒精的能力，不过科学家还没有查明这种能力是怎样获得的。

虽然笔尾树鼩千杯不醉，但人类饮酒需要节制，更不能酗酒肇事。

睡眠时间最长的动物

大多数人一生中约 1/3 的时间在睡眠中度过。在动物界，睡眠时间最长的动物是睡鼠，在它们短短 5 年的寿命中，约 3/4 的时间都在睡觉。也就是说，在一年中的早春、深秋以及冬季大约 9 个月时间里，睡鼠都处于睡眠状态。即便在夏天里，睡鼠们也是终日呼呼大睡，直到夜间才出来到处活动。睡鼠的名字也由此得来。

睡鼠体型较小，重 20 到 40 克，看起来像一只小老鼠。它们有一条毛茸茸的长尾巴，上面长有长毛，因此又像松鼠。西起英国，东到日本，北自瑞典，南到南非，在世界各地都有睡鼠的踪影。它们善于攀援爬树，在枝杈间造巢，以植物的果实、种子、茎叶等为食，也吃昆虫和鸟蛋。它们一般在黄昏和夜间活动，在树枝上跳来跳去，觅食、求偶。

为了能睡个漫长的好觉，秋冬来临之前，睡鼠在树林中到处觅食，在体内预存好脂肪和能量，为冬眠做准备。所以，冬眠前睡鼠的体重会急速上升，存储的脂肪和能量能让它们在睡眠中安然度过严冬。到了晚春，睡鼠醒来的第一件事就是寻找食物。毕竟，它们已经有大半年时间没有吃东西了。当把肚皮填饱之后，睡鼠们就要寻找配偶繁育后代了。在秋天来临之前，睡鼠妈妈们精心哺育小睡鼠，尽力用最短的时间储备足够的脂肪，并用树皮造一个窝作为冬眠之所。要是睡鼠在冬眠前无法摄取足量的食物，饿着肚子进入冬眠，由于体内缺少足够的能量，它们可能会在漫长的睡眠中饿死。

自然界中大量睡鼠死亡事件就是这样发生的。要是外界天气寒冷，睡鼠们会挖洞躲在地下，或者抱成团睡在树叶下面。在体温达到临界点时它们会醒来，做一些“体操”热热身，然后继续睡到来年春天。

为了不让睡鼠在冬眠中死去，英国野生动物援助机构的工作人员开展了大量工作。他们找到那些因窝暴露在空气中可能被冻死的睡鼠，或那些从冬眠中提前醒来找不到食物会饿死的睡鼠，一只只保护起来，并想办法帮助它们继续冬眠。当冬眠结束后，工作人员还会继续喂养它们，直至它们生活正常。

最毒最美丽的蛙

在你的印象中，青蛙是不是一种善良可爱的小动物？在武侠小说中，蛙甚至还能成为主人公武功飞升的助力。但你听说过有毒的青蛙吗？在南美洲赤道附近的热带雨林中，能分泌致命毒液的野生蛙并不罕见，当地原住民经常将这些蛙的毒液涂在箭头和标枪上，用来猎杀小型哺乳动物。箭毒蛙的名字就由此而来。箭毒蛙全身色彩鲜艳，四肢大多布满鳞纹，如果它们身上以柠檬黄最为耀眼和突出，就是黄金箭毒蛙。箭毒蛙身上漂亮的颜色似乎在炫耀自己的美丽，又像在警告来犯的敌人它们是不宜吃的。因此它们不需要躲避敌人，攻击者也不敢接近它们。除人类外，箭毒蛙几乎没有天敌。尽管它们中最小的种类只有 1.5 厘米大小，最大的也不超过 6 厘米，但都非常大胆，常常白天活动。

箭毒蛙中最美丽的钴蓝箭毒蛙被誉为“林中蓝钻”，身长虽然只有 4 厘米左右，但已经属于大型箭毒蛙。每只钴蓝

箭毒蛙身上有0.2毫克的毒液，而只需0.002毫克这种毒液就足以致人死亡，经过提纯的1克毒素能杀死15 000人！如果真的碰到这种蛙，需不需要以最快的速度溜之大吉？

世界上有毒的生物有很多，但大致可以分成两类，一类是主动式的，通过蜇、咬等注射式的手段将毒液注入猎物或人体内，使其中毒，比如毒蛇、毒蜘蛛等。另一种是自身组织带毒，它们分泌的毒素往往贮存在皮下，无法主动注入敌人体内，比如箭毒蛙、河豚，它们是一种被动式的毒性防御，如果敌人自讨“毒”吃，咬它一口，才会中毒。所以，对于箭毒蛙来说，充其量就是在被捕食者捕杀之后，用自身的毒素来一场死后的“复仇”。

不过，箭毒蛙自带的毒素到底是怎么来的呢？箭毒蛙主要以残翅果蝇、蜘蛛、蚂蚁和蟋蟀为食，它们的毒素主要来自天然食物，主要是蜘蛛类。蜘蛛的毒性会被箭毒蛙吸收转化为自身

的毒液，而箭毒蛙自己对毒素免疫。这种毒素属于神经毒素，可以引起心肌功能紊乱，甚至使心跳停止。由于它本身可以阻断脊椎中枢向大脑传递疼痛信号的钠离子通道，所以可以用作局部麻醉剂。

野生箭毒蛙在人工饲养大概6个月后会逐渐失去毒性，更不用说完全人工饲养的箭毒蛙了。因此，科学家想要获得箭毒蛙的毒素进行研究，只能从野生箭毒蛙身上提取。2016年，美国斯坦福大学的化学家首次人工合成了箭毒蛙的神经毒素，也就是说，箭毒蛙作为珍稀动物也变得更加安全。就像研究人员所说的："能从实验室里面合成箭毒蛙毒素，我们就不必再从这些小动物身上索取自然的馈赠了。"

这是真的吗

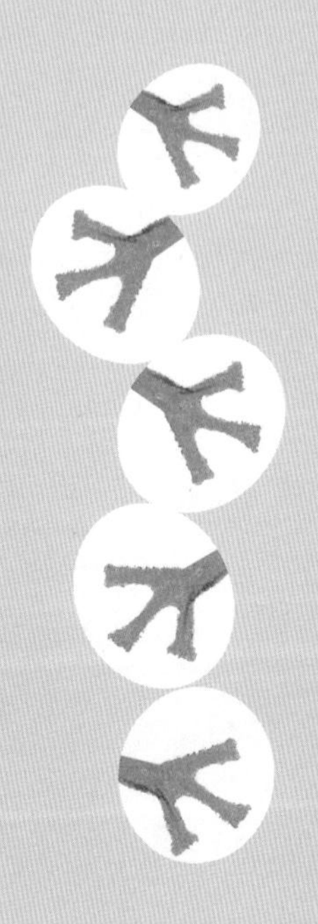

蛇能吞下一头大象吗

俗话说：人心不足蛇吞象。一条蛇想吞吃一头大象，用以说明蛇很贪婪，不过这也从侧面说明蛇的吞食能力很强大。对于巨蟒来说，它们可以很轻易地吞食体型小的动物，比如田野里的小田鼠、林中的野兔、小鹿和小羊，等等。那么，巨蟒能吞下更大的动物，比如一头大象吗？

在非洲，人们曾经看到一条长达 5 米的非洲岩蟒吞下一只重达 60 千克的羚羊，而且连羊角都吞掉了。在美国佛罗里达大沼泽地国家公园，短尾鳄和缅甸蟒常常发生争斗，结果常常是平局，双方不分上下。人们曾经从一条 4 米长已经死亡的缅甸蟒胃里发现了一条长 1.8 米的短尾鳄。据推测这是因为在蟒鳄争斗中，缅甸蟒吞掉了整条短尾鳄，但在蟒的身体里面，短尾鳄用爪子抓破了缅甸蟒的胃、肠，使其身体爆裂而亡。

蛇能够吞食比自己头还大的食物，这与蛇身体的构造特点有关。蛇头部大部分的骨骼，包括上下颌部分是不固定的。这些骨头中有一块把上下颌连接到一起的方骨，它起到了类似铰链的作用。蛇的嘴巴闭合时，方骨与下颌骨相互平置；张口时，方骨即竖起，以韧带相连。因此，蛇的嘴巴上下可以张得很大，左右也不受限制，使口咽部形成一个大空腔，比蛇嘴大的食物因此就能顺利入腹。

蛇的胸部没有哺乳动物一样串连住肋骨的胸骨，因此它的肋骨可以自由活动。这样，吞入的食物不会受到胸廓的限制，只要胸部肌肉伸缩性容许，多大的食物也能够方便地进入蛇的肚皮。

除了身体构造的特点外，蛇还有两种绝技可以帮助吞咽食物，一是蛇的肺部后端有一个充满空气的气囊，可以辅助呼吸。大体积的食物进入口腔后，会短时间阻止气体进入肺部，这时气囊起到辅助呼吸的作用，使蛇不至于窒息而死。二是蛇会分泌唾液。在吞咽食物时，蛇可以大量分泌唾液，起到润滑作用，方便吞食猎物。

有了身体的特殊构造和两种绝技，蛇就能吞下比自己头部大十几倍的动物。那么，巨蟒能吞下大象吗？一般来说，无毒蛇靠其上下颌着生的尖锐牙齿来咬住猎物，它的牙齿无法把食物咬碎，只能用身体把活的猎物缠死然后压得比较细长再吞食。蛇的消化能力很强，能在吞食的同时就开始消化，并能够把骨头吐出来。毒蛇可以喷出毒液使猎物中毒，毒液还可以溶解猎物的身体帮助消化。为了杀死猎物，巨蟒一般会先缠绕在猎物身上，然后将其勒到窒息而死。但是，蟒蛇的长度根本无法缠绕大象如此庞大的身躯。所以，蟒蛇不可能吃掉一头大象。

事实上，大蟒蛇不需要经常吃东西。球蟒能断食至少 6 个月，而水蚺能断食长达 1 年。

把蚯蚓切成两段，就变成两条蚯蚓吗

说到蚯蚓，你或许会想起儿时曾经将蚯蚓一切两段的经历。蚯蚓的再生能力很强，对此有很多说法。有的人对把蚯蚓切成两段就会变成两条蚯蚓深信不疑，而有的人说，蚯蚓是环节动物，如果被切成两段，只有带更多环节的一段才能存活，另一段必死无疑。据说有人做过这样的实验：把两条蚯蚓分别切去前端和后端，想看看两部分连接起来是否可长成一条新的蚯蚓！还有人更是别出心裁，在一条蚯蚓的前半部分接上两条蚯蚓的后端，希望能培育出一个头两个尾巴的蚯蚓。那么，蚯蚓的再生能力到底怎样呢？

研究人员在实验室里选择了两种不同的蚯蚓，将它们从身体中间切成两段。被切成两段的蚯蚓伤口处鲜血喷涌不多，蚯蚓身体还会蠕动。研究人员将两段蚯蚓分别放入培养箱，给它们提供最佳的生长环境。经过 7 天的再生时间后，研究人员发现，两段蚯蚓都活着，用镊子刺激一下，都有反应。

两处切面的位置经过一个星期的生长之后，产生了一个芽状组织。再经过一段时间之后，两段蚯蚓身体中的血管、神经和消化道都会陆续在芽状组织中生长。

看来，把蚯蚓一切两段是可以变成两条蚯蚓的。这是因为蚯蚓的免疫系统非常强大，可以抵御各种细菌的入侵。当被切断后，断面上的肌肉立即收缩，一部分肌肉会溶解，同时，白血球会聚集在切面上，形成栓塞，使伤口迅速愈合。然后，伤口处的肌肉细胞形成一个芽状组织，再过一两个星期，它就长成了一条完整的蚯蚓。那么，如果不在中间切，而是在靠近后半部分三分之二的地方，或者是把蚯蚓多切几段，蚯蚓还能活吗？

研究人员在蚯蚓身体的四分之三处将蚯蚓切成长短不一的两段，蚯蚓的反应和之前一样可以蠕动。经过7天的生长期后，较长的那段蚯蚓的伤口已经愈合，而短的那段并没有活下来，甚至已经开始腐烂了。同样把蚯蚓切成两段，切的位置不同，为什么结果会如此不同呢？

蚯蚓的再生能力确实很强，这是因为蚯蚓作为环节动物，从头到尾由各个环节相连而成。

这些环节大多非常相似，只是第一段发育成头部，最后一段长成了尾巴。当蚯蚓被切断时，它并没有损失任何重要器官，因此能继续存活下去。不过，蚯蚓再生也是有一定的概率的，并不是所有被切断的蚯蚓都能存活。研究人员在实验中发现，当蚯蚓被切断时，剩余的体节越多，存活下来的概率越大，切断的伤口离蚯蚓的头部越近，再生的速度就越快。并且，不是所有的蚯蚓被切断后都能再生的，与蚯蚓的种类有关，同时也要看切成的段数。如果把蚯蚓切成 10 段，肯定不会看到 10 条新生的蚯蚓。

在自然界，拥有这种神奇的再生能力的生命不止蚯蚓哟！如某些种类的海星就是“再生高手”，它们可以从一段触角生成整个身体。

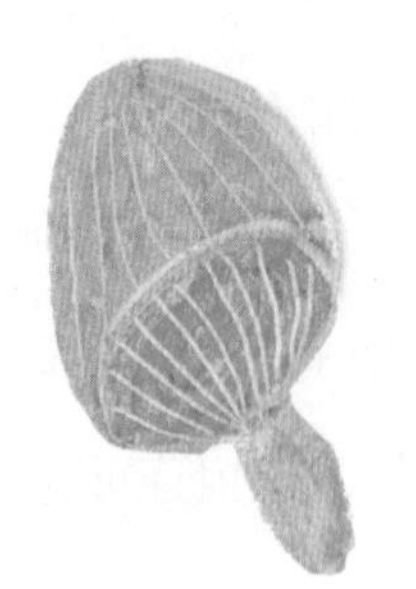

骆驼为何能耐饥渴

在一望无垠的酷热沙漠里，人如果一天喝不上水，就会因为脱水而死亡；但是以“沙漠之舟”著称的骆驼可以连续10天不饮水，最多是体重急剧减少约30%，而没有性命之忧。为什么会这样？

有人认为，骆驼的驼峰里有贮存着水分的水囊或水袋。可是解剖结果表明，驼峰内没有水囊，只有大量脂肪。这些脂肪在骆驼得不到食物的时候，为骆驼提供身体所需要的养分。沙漠里行进的骆驼能够连续几天不进食，就靠驼峰里的脂肪维持生命。那么，是因为骆驼与众不同的胃吗？作为反刍动物，骆驼的胃有三室，第一胃室里有20—30个水脬，可以贮水。一只600千克的骆驼一口气能喝下200多升的水！

不过，科学家发现，骆驼耐渴能力超强的秘密就藏在它的血液里：骆驼血液的含水量在骆驼失水前后变化不大。比如，人在失水达自身体重25%的情况下，血液将失去约33%的水分，因失水而变得黏稠的血液难以通过毛细血管，血液循环变慢，集聚在人体内的热量无法向外扩散，人会因为体温上升而死亡。但骆驼在失水达自身体重 25% 的情况下，血液中的含水量仅仅降低 10%，血液的流动几乎不受影响，骆驼的生命自然不受威胁。

另外，骆驼自身超强的体温调节能力也是它能耐饥渴的原因。骆驼在身体水分充足的时候，体温为 36—37℃；而在长时间缺水时，体温波动幅度较大，白天的最高体温可以比晚上最低体温高 7℃，体温与环境温度相差越小，越能减少蒸发。另外骆驼背部的厚毛以及驼峰中的脂肪，也都可起到隔热层的作用；而且骆驼出汗少，体温 40℃以上时几乎不出汗，排尿也很少。所有这些因素，都有利于骆驼耐渴。

因为骆驼具有耐饥渴的特性，具有在干旱恶劣环境下生存的能力，它成为了“沙漠之舟”。早在公元前 3000 年，生活在沙漠边缘的人类就已经开始驯养骆驼作为役畜，用于骑乘、驮运、拉车、犁地等。

有些国家有倚赖骆驼为

生的骆驼牧民，甚至有骆驼骑兵。

在我国古代，骆驼是陆上丝绸之路的主要交通工具。公元 400 年，晋代高僧法显去天竺“佛游”，骑着骆驼过沙漠；唐代大和尚玄奘到天竺取经，乘坐的也是“沙漠之舟”。“沙漠之舟”为丝绸之路的繁荣和发展，为中西方经济、文化交流作出了贡献。

猫真的有九条命吗

民间传说猫有九条命。这当然不是说猫得死九回才能真正死亡，而是说猫的生存能力很强，有很多活命的绝招。

比如，在居民区里，你很难追上一只猫；尽管猫狗天生不合，经常打架，你也很少见到被狗咬住的猫。猫非常善于攀爬、跳跃和逃跑。最重要的是，猫有一套“软着陆”的硬功夫，即便从高处摔下，受伤也不会很严重，而且愈合能力超强。科学家发现，猫体内的髓磷脂在被破坏后能自行恢复，这是人体做不到的。髓磷脂是神经元

外侧的脂质，能协助神经信号的传递，损失后会导致神经失去保护，造成感官、行为、认知以及其他一些功能异常。这就是说，猫的神经系统在受损后具有超强的恢复能力。

那么，猫所拥有的双足软着陆的硬功夫是怎样炼成的呢？这要归功于猫发达的运动神经系统和超强的平衡能力，猫体内每种器官的平衡功能都要比人类和一般动物完善得多。当猫从高处落下时，身体一旦失去平衡，它内耳中的平衡器官立刻就能感觉到，该信息迅速由内耳中的前庭神经传递给延脑，延脑又及时把信息传递给大脑，然后至脊神经。脊神经再把冲动传到四肢的骨骼肌，引起肌肉运动，把不平衡的身体调整到平衡的位置。

猫的尾巴也是一个平衡器官，就好像飞机的尾翼一样，能帮助身体保持平衡。当猫从高处落下来的时候，前后肢有充足时间做好一切着陆的准备，加上那条长尾巴的帮助，所以它不会因为失去平衡而摔死。反倒是有时候它从低处跌落，因为在空中停留的时间短，来不及调整落地姿态，受伤的可

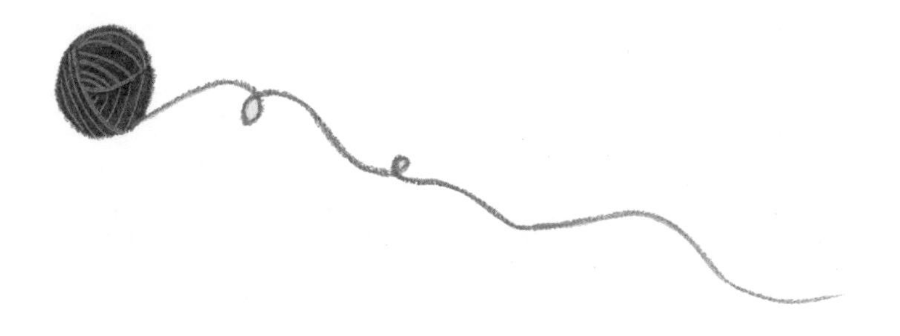

能性更大一些。

为什么高空掉落的猫维持平衡后总是以双脚着地呢？这其实是一种自我保护机制。猫的腿是又长又充满肌肉的“弹簧腿”。在跳跃的时候，猫腿增加了身体与地面之间的距离，消耗了落地时的冲击力，可有效避免骨裂、骨折。同时，猫脚底下长有柔软而有弹性的肉垫，在猫着地时可以起到防震缓冲的作用，这也是猫从高处落地时安然无恙的另一个原因。

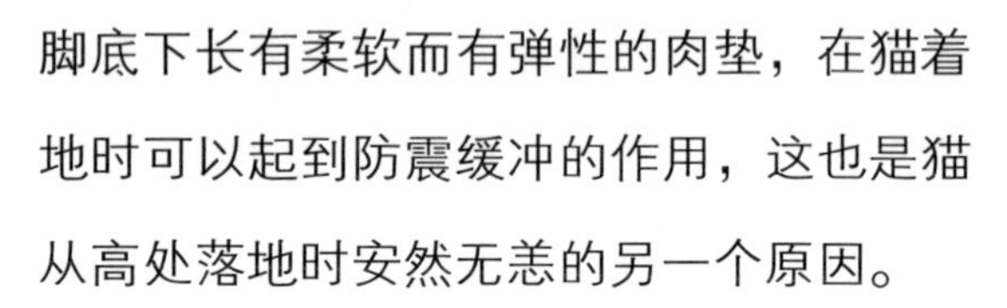

不过，任何能力都是有极限的。如果从大于四五十米的高处摔下，猫很可能也会摔死。而且，现在有很多家猫长得很胖，空中调节姿势的能力大大降低，危险性就更大了。

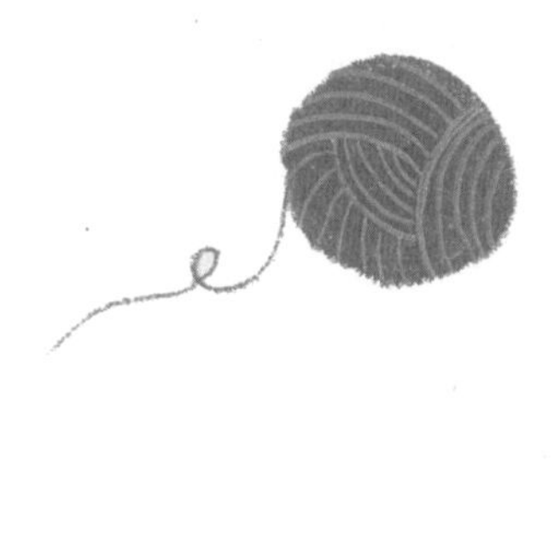

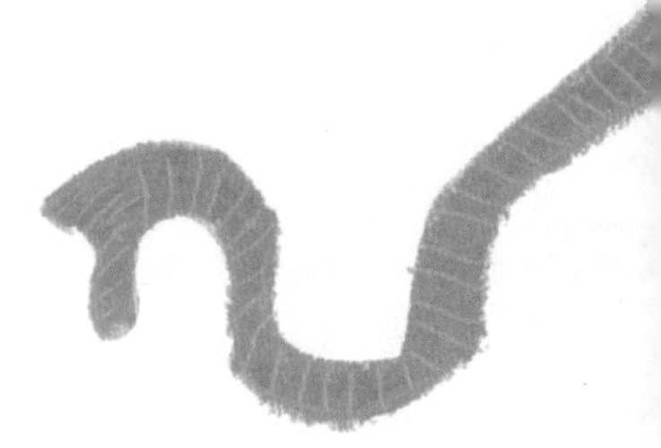

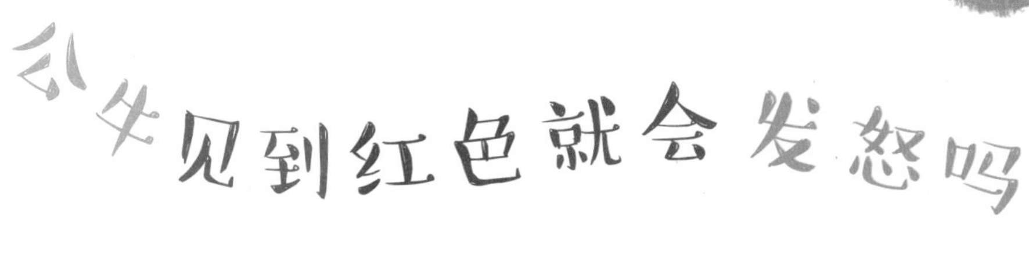

公牛见到红色就会发怒吗

西班牙斗牛是一种非常刺激的表演，斗牛士穿着红色衣装，衣服上镶有金边和一些金色饰物，在阳光下闪亮夺目，光彩照人。斗牛士手里拿着红色斗篷，用来挑逗公牛。斗篷的一面是红色的，另一面是黄色的，这正好与西班牙国旗的颜色一致。斗牛士的助手们拿着一面是粉红色一面是黄色的斗篷。斗牛士在表演的初始阶段选用不带弯头的利剑，并挥动红布引诱公牛，到了最后的刺杀阶段，则

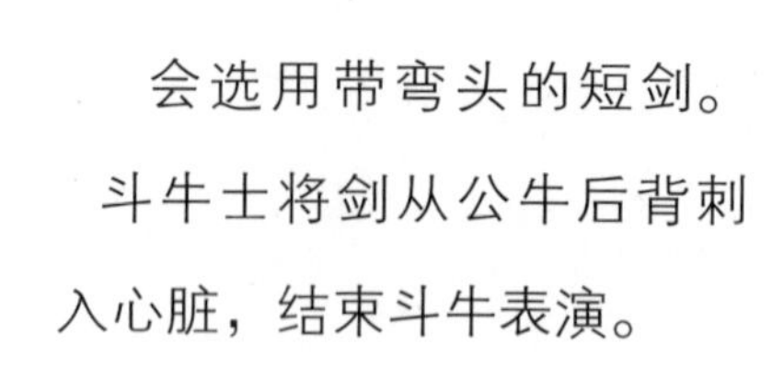

会选用带弯头的短剑。斗牛士将剑从公牛后背刺入心脏，结束斗牛表演。

斗牛士的红布用来做什么？以前，人们以为斗牛士穿着红色衣装、手拿红布是为了激怒公牛，使它好斗，这样表演才会更紧张、刺激。为了证实这种说法，曾经有位好奇而又胆大的动物学家想通过实验解决问题。他让斗牛士分别持黑色、白色、红色和绿色的旗子站到牛的面前，结果发现能引起公牛反应的不是旗子的颜色，而是旗子的亮度以及挥动程度。曾经有人把红色围巾放在牛的面前，牛没有什么反应；但要是用树枝晃动红色围巾，牛就会冲过来了。有些斗牛士为了让表演更加精彩，还会背对着公牛做出很酷的动作，这时候公牛通常不会有什么反应。所以说，牛并不是见到红色就会发怒的。实际上牛是名副其实的色盲，和人类中的红绿色盲患者类似，红色、橙色、黄色以及绿色对牛来说只是程度深浅不同的同一种颜色，牛只是对运动的物体更感兴趣。

让人意想不到的是，红色刺激的并不是野性的公牛，而恰恰是观看斗牛表演的观众。红色能调动起人兴奋和激动的情绪，使得观众亢奋，增强表演效果。在西班牙，用于表演的公牛一般选用的是生性暴烈的北非公牛，一种血统纯正的野性动物，它们由特殊的驯养场负责培育，经过多年驯养才能用于斗牛表演。在正式表演之前，公牛会被关在牛栏里很长时间，因此它们会变得暴怒不安，红斗篷的晃动更刺激了它。因此，公牛一上场，就恶狠狠地找人报复。

健壮的公牛几乎有半吨重，它们对移动的物体很感兴趣，当注意到晃动的斗篷时，就拼命地追上来。斗牛士跑得越快，斗篷就晃动得越快，公牛就被调动起来，在场地上来回奔跑。几个来回下来，愤怒的公牛气喘吁吁。斗牛士看准时机将利剑刺入了公牛心脏，结束一场斗牛表演。

不过，也有一些斗牛士在表演过程中被公牛用角攻击，血洒斗牛场。近年来斗牛活动的血腥残忍引来了不少争议。但在西班牙，这个起源于当地古代宗教活动的表演仍然是一种传统项目，吸引着世界各地的游人。

变色龙能变出所有颜色吗

你肯定知道变色龙，这种大多栖息在树上的爬行动物为了捕捉猎物，通常会通过改变身体的颜色隐藏自己。那你知道“避役”吗？“役”是指“需要出力的事”，“避役”就是不出力就能吃到食物。有趣的是，“避役”正是变色龙的学名，它恰当地概括了变色龙这一伪装高手的特点。

变色龙的行动非常迟缓，甚至像树懒一样漫不经心。它们主要栖息在树上，除了产卵和求爱，极少光顾地面。因为在地面

上，它们不仅无法隐藏自己，反而更惹人注意，而且它们在地面上的速度也不快，很容易成为其他动物的猎物。事实上，变色龙的“伪装”是为了逃避天敌的侵犯和接近自己的猎物，它们一动不动地将自己融入周围的环境之中，使自己不被发现。好玩的是，尽管变色龙行进动作缓慢，但捕食动作飞快。它们用长达身体 2 倍的舌头捕食，几乎是闪电式的，只要 1/25 秒便可完成。变色龙的眼睛也十分奇特，两只眼球上下左右转动自如，且能左右眼球分开单独活动，分工注视前后，既能捕获前面猎物，又能防止“黄雀在后”。

不过，一般来说，变色龙主要在受环境影响或情绪改变（如兴奋或受到惊吓）的时候才变换自己身体的颜色。比如，有些变色龙为了融入大自然，将皮肤变为浅绿色；有些在受到敌人威胁或者被激怒的时候，皮肤变为棕色；还有些变色龙为了吸引配偶的目光而变色，这是一种求偶方式。就像生活在非洲的国王变色龙，全身黄褐色，与周围的树叶浑然一体，它们只有在遇到危险的时候才会改变身体的颜色。当有人靠近时，变色龙体内的警报系统立刻拉响，皮肤颜色随即变深。人类的肤色也是由黑色素决定的，不过变色龙体内的生产黑色素的细胞比人类的更有效，人类的皮肤可不能变成绿色。

那么，变色龙能变换出所有颜色吗？变色龙的“善变”是在植物性神经系统的调控下，通过皮肤里色素细胞的扩展或收缩来完成的。在变色龙的皮下有三种色素组织：绿色、蓝色和灰色，其中能发生变化的是绿色和蓝色的色素组织。当绿色的纺锤形色素组织中部膨胀时，皮肤表面就呈现更多的绿色；当蓝色色素组织的中部膨胀时，皮肤就呈现更多的蓝色；当绿色和蓝色的色素组织都收缩时，皮肤就失去了绿色和蓝色，露出了皮下底部由灰色色素组织带来的灰色。也就是说，变色龙不能变出所有的颜色。最新研究表明，不仅是色素细胞大小，它们的排列改变也会引起变色龙肤色的变化。

动物专家还发现，变色龙变换体色不仅仅是为了伪装，它的另一个重要作用是进行信息传递，便于和同伴沟通。也就是说，变色龙的颜色就像人类的语言一样，能表达变色龙的意图。所以，变色龙变色不是随着环境任意改变自己的颜色，而是根据自身需要、自身情绪状态来改变自己的颜色。

大象会在死前独自去往墓地吗

很久以前就有关于大象墓地的传说，传说中大象临死前一定会前往自己的秘密墓地迎接末日。据说在1938年，有个探险队在非洲的密林里发现了一个洞窟，里面堆满了象牙和大象尸骨，探险队因此发了大财。人们认为他们找到的是大象的墓地。当时人们普遍认为，大象是有“灵性”的动物，当它预感到死亡即将来临时，会独自走向墓地，等待死神的召唤。天长日久，墓地里便堆满了象牙和大象尸骨。

为了寻找大象墓地，获得大量价格昂贵的象牙，曾经有一些冒险家故意把大象打成致命伤，希望它能挣扎着走向墓地，而自己可以悄悄地尾随其后。然而，受了致命伤的大象最终倒在地上，没有一头大象走进所谓的“墓地”死去。

那么，大象墓地究竟是怎么回事呢？

后来经过研究，人们揭开了那个密林深处大象墓地的秘密。当时，殖民主义者为了猎取非洲象牙，用机枪密集扫射对大象群下毒手，一部分大象侥幸逃出枪林弹雨，却又遭遇到一场森林大火。在洞窟中避难的大象最终被火海吞没，留下了成堆的象牙和大象尸骨。

野象一般都是自然老死的，可是人们在密林中极少发现大象的尸骸，所以有人猜测，大象有可能是以某一个地方作为墓地，集中在那里结束生命的。可是他们无法解释大象为什么要死在一起？它又是如何在临死前找到墓地的？

曾有美国的野生动物学家声称在调查非洲象分布的时候，意外地看到了大象举行“葬礼”的场面：那是在离密林不到 70 米的一处草原上，几十头大象聚集在一起，被围在中间的是一头年迈病重的雌象。它蹲了下来，发出低沉的呻吟声。四周的大象用长鼻卷起草叶，朝病象嘴边投去，但它已无力进食，最后倒地不起，死去了。象群发出一阵哀号。这时，为首的一头大象开始用长长的象牙挖掘泥土，并用鼻子卷起土块，朝死象身上投，其他大象纷纷学样。不一会儿，地面上隆起一个大土堆。为首的大象开始带领象群踩踏土墩，使之成为一座坚实的“象墓”。死亡的大象由象群集体埋葬的说法，自此流传开来。

如今，大象墓地成为一个传说中的地点，“象墓”是象群的集体之作的说法也不能完全令人信服。但是，大象被偷猎、被宰杀的现象还是屡禁不止，非法野生动物贸易仍然存在。所以为了保护野象，“不伤害大象，拒绝象牙制品”，应该成为全人类的共识。

鳄鱼会流泪吗

鳄鱼这种冷血的卵生动物是地球最古老的居民之一，在地球上已经生活了两亿多年。鳄鱼不是鱼，而是性情凶猛的脊椎类爬行动物，它们可以像鱼一样在水中生活，故名“鳄鱼”。鳄鱼脸长、嘴长，外形丑陋又凶恶，一对眼睛向外凸起，看上去恶狠狠的；嘴特别大，颚强而有力，张开大嘴就露出一排锯齿形的牙齿，锋利如钢。

鳄鱼在吞食食物时，有一种近乎人的表现——流眼泪。所以，当有些人怀有某些企图假装很可怜地流泪的时候，我们会说那是“鳄鱼的眼泪”。这一说法来源于西方古代传说。当时的人们认为，鳄鱼会利用发出的呻吟声和流下的眼泪来博取猎物的同情。那么，鳄鱼在捕食的时候真的会流泪吗?

实际情况有点复杂。在 15 种现存已鉴定分类的鳄鱼里，只有某几种鳄鱼会流泪，其中之一就是湾鳄。它流眼泪并不是为了讨好或者诱惑猎物，只是想要排出让眼睛感觉很难受的盐分。

湾鳄体型庞大，雄性成年湾鳄重量可达一吨，主要生活在印度和东南亚地区。它们只有在产卵或者晒太阳的时候才会离开大海。这时，我们就能看到它们“流眼泪”了。科学家把湾鳄的眼泪收集起来，化验后发现，眼泪中盐的含量很高。也就是说，鳄鱼的眼泪可看作是眼睛里流出来的盐水。经解剖后发现，鳄鱼眼睛附近有一种腺体，只要鳄鱼进食，这种附生腺体就会排出盐溶液，这就是“鳄鱼的眼泪”。鳄鱼的眼泪可以把体内因长时间待在海水里而积累起来的盐分全部排泄出去。一旦把盐分都排出体外，鳄鱼就会感觉舒服很多，然后它才转身回到海水里继续它的生活。

对于人和大多数动物，可以通过出汗和排尿来排泄体内多余的盐分，而鳄鱼只能靠流泪来完成这一任务。除鳄鱼以外，

海龟、海蛇和一些海鸟的眼角也有类似鳄鱼这样的小腺体，用来排出体内多余的盐分。

科学家还发现，鳄鱼的肾脏发育很不完善，无法将体内产生的多余尿素或有害的盐类完全排出体外，这样就不得不依靠其他腺体帮忙。当鳄鱼捕食时，体内的新陈代谢就会加强，积累的盐溶液就会增多，辅助腺体的工作量加大，鳄鱼流的“眼泪”也就越多。所以，鳄鱼一边吞食一边流泪的景象，实际上是一个正常的生理现象，既不是鳄鱼良心发现，也不是它在虚伪作秀。

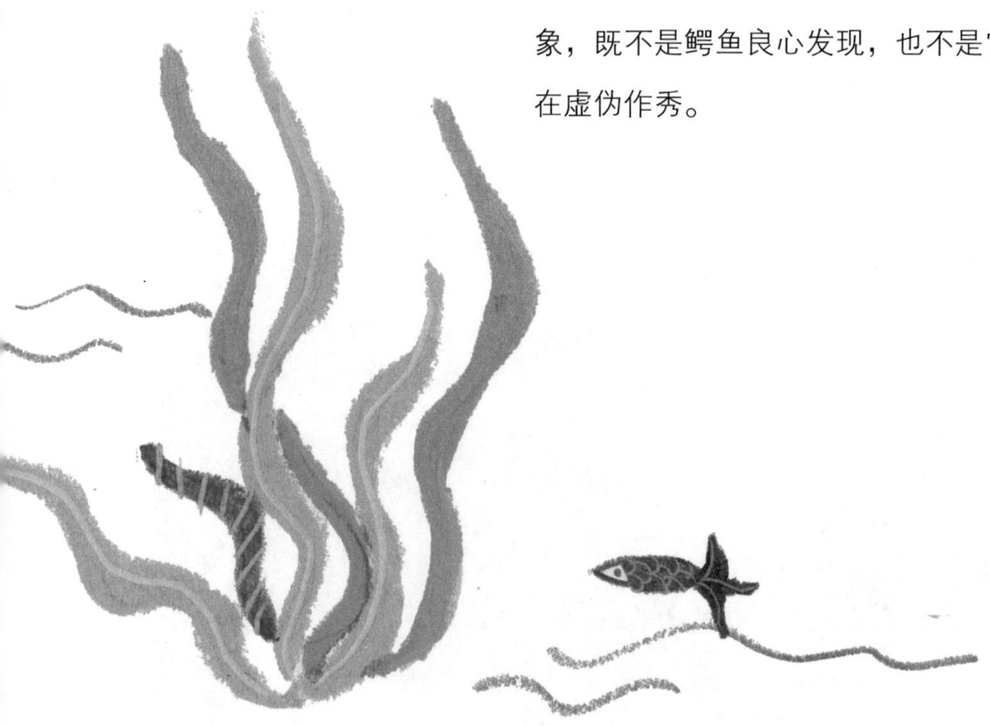

眼镜蛇会随着音乐跳舞吗

玩蛇艺人席地而坐，面前盘踞着一条眼镜蛇。艺人悠悠地吹响手上的长笛，眼镜蛇便在悦耳的音乐下起舞，有节奏地摇摆。这是玩蛇的街头艺人正在为游客表演。但是，蛇真的能“听懂”音乐吗?

眼镜蛇的脊柱由很多块脊椎骨组成，因此它的身体非常灵活，可以朝任何方向弯曲或盘绕，也可以笔直地立起。不过，眼镜蛇的听觉不灵敏。蛇没有外耳和中耳，只有耳柱骨，没有鼓膜、鼓室和耳咽管，所以不能通过接受空气传导来的声波“听到”声音。虽然蛇不能像人类一样用耳朵感知声音，但它们对于从地面传来的震动很敏感。比如，人在荒凉偏远的灌木丛中行走时，用棍棒敲打地面或故意加重脚步，就能把

蛇吓走，这就是“打草惊蛇”的原理。那么，眼镜蛇到底是为什么可以随着音乐“跳舞”的呢？

眼镜蛇是一种非常敏感的动物，能用身体感受到周围的震动，对周围细微的震动产生反应。它能感觉玩蛇艺人的脚在地上轻拍、木棒在蛇筐上敲打的震动。一旦眼镜蛇感到有动静，它就会从蛇筐里摇摇摆摆地探出头来，寻找出击的目标。眼镜蛇会被笛子的运动所迷惑，把它当成自己的猎物，做出时刻准备反击的样子。而它之所以要左右摇摆，是为了保持其上身能“站立”在空中，这是它的本能反应，因为一旦停止这种摆动，它就会瘫倒在地。

为了吸引游客的视线，玩蛇艺人会在眼镜蛇面前摇首摆腰，挑逗它。眼镜蛇昂首发怒，注视着玩蛇艺人，左右摆动头部和身体，随时准备着发起攻击。但如果眼镜蛇真的发动

攻击，玩蛇艺人就会惩罚它，这样长期训练下来，眼镜蛇通常只摆动身体而不会攻击艺人。而且，为了安全，绝大多数的眼镜蛇在表演前已经拔去了毒牙，所以不会伤到表演者。

但在自然界，故事完全不是这样的。野生的眼镜蛇是非常危险的动物。在印度，眼镜蛇每年杀害成千上万人。眼镜王蛇的一口毒液能让一头大象在4小时内死亡。眼镜蛇的得名源于它头颈后面一对白边黑心的环状斑，就像一副眼镜。如果眼镜蛇的敌人出现在它的背后，这个图案能起到一定的威慑作用。

鱼的记忆真的只有几秒钟吗

有人说，鱼的记忆只能持续 7 秒钟，它每游动几下都是在未知水域的新尝试。真是这样吗？事实上，鱼的记忆力可比我们认为的好得多，并且它们极善于交朋友、相互学习……事实证明，鱼一旦上钩后成功逃生，下次几乎不会再犯同样的错误。

悉尼一所大学的科学家做了一个很有趣的实验，展示了鱼令人惊奇的技能。这位科学家从昆士兰捕捉了几条绿锦鱼，把它们放进水箱，箱内有一张渔网，但鱼可以从中逃脱。这些鱼在进网 5 次后，逃脱时间从最开始的半小时缩减到 15 分钟。看来，鱼没有人们想象的那么迟钝！更令人不可思议的是，11 个月后当这位科学家对这些鱼再次测试时，它们和上次一样，很快就逃出了渔网！这说明它们已经记住了上次学会的逃生技能。对于这种寿命只有几年的鱼来说，这种记忆力让人印象深刻。

英国一位心理学家曾经训练过一条金鱼，让它学会了掐算时间。实验方法是：在水里固定一根杠杆，这根杠杆每天只有 1 小时是浸在水里的，要求金鱼在这个特定的时间里去推这根杠杆。如果金鱼能够在这个时间段里成功推动杠杆，它将获得食物作为奖励。实验证明，金鱼不是“过目就忘”，它不仅是有记忆力的，而且记忆时间不是几秒钟，至少有 3 个月！金鱼记忆实验还证明，金鱼能够区分不同物体的形状、颜色和声音。这些研究结果与其他饲养者的经验也很吻合，养在家里或鱼塘里的鱼似乎记住了投食时间，一到固定投食时间，它们就会游到水边等待。

有一位澳大利亚人也做过金鱼记忆实验。他“训练”一群金鱼游到放有食物的信号浮标处，使得金鱼对浮标与食物之间产生关联记忆。实验者将一个信号浮标放在水中，然后每天定时在此处给金鱼喂食。3 周之后他发现，这些金鱼游

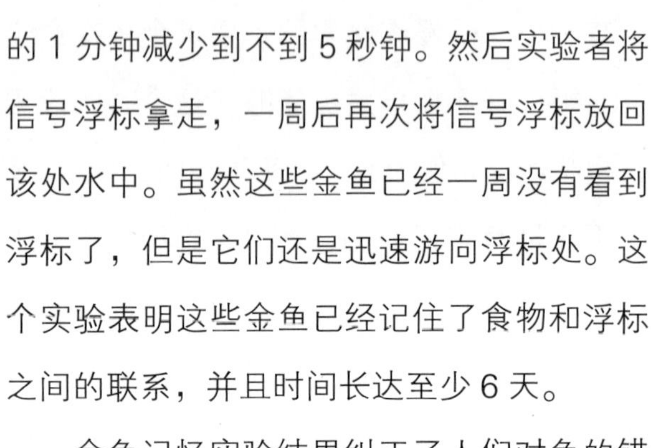

到信号浮标处吃食的时间不断缩短，从原来的 1 分钟减少到不到 5 秒钟。然后实验者将信号浮标拿走，一周后再次将信号浮标放回该处水中。虽然这些金鱼已经一周没有看到浮标了，但是它们还是迅速游向浮标处。这个实验表明这些金鱼已经记住了食物和浮标之间的联系，并且时间长达至少 6 天。

金鱼记忆实验结果纠正了人们对鱼的错误认识。鱼不仅记忆力不差，而且很爱学习。这也说明了，在鱼的种群中，关于最佳采食地、最佳繁育地、最佳迁徙路线等知识，实际上也可能通过非遗传的方式学习传承。

牛的体内藏着“指南针”吗

如果你孤身一人在野外迷失了方向，又没有带指南针，旁边也无人可问，只有一头奶牛在低头吃草，你知道怎样确定方向吗？放牛者很早就发现，牛喜欢并排着南北站立，他们认为牛群这样做主要是为了不被风吹到，或者是为了在天冷的时候可以多晒太阳，而在天热的时候又可以少晒太阳。

美国研究人员不赞同放牛者的说法，他们认为全球各地风向和太阳直射角度迥异，气候因素无法解释为何大多数牛选择南北朝向。他们发现，不管在什么季节，牛群都喜欢顺着地球磁场方向站列。

2008 年，研究小组借助“谷歌地球”软件，仔细观察并分析全球 308 处牧场内的 8510 头牛，发现其中 60%—70% 的牛，不论吃草或卧息，身体都呈南北向，地理位置对牛身体的朝向没有影响。例如，身在爱尔兰的牛和身在印度的牛

身体朝向一致。美国威斯康星州的一位牧场主查看了2014年牧场的卫星照片后，证实了这一发现，“大约三分之二的牛朝向南北”。

次年，该研究小组进行了更为深入的研究。他们发现，牛群从高压线下经过时，这种南北方向的排列会被彻底打乱。电流产生的磁场对牛群造成了干扰，使它们趋向于与电线垂直排列。总的来说，牛身上的“指南针”是牛角和牛尾，它们指示着地球磁场的南北极。

然而，对于牛身上藏着“指南针”这个结论，不同的科学家提出了异议。2011年，捷克的一个研究小组重复了上述2008年的研究过程，但没有得到一致的结果，研究小组没有发现这些动物的身体偏向于某个特定的方向。这些提出

异议的研究团队表示，他们准备去其他动物——如羊、马、野猪和鹿等身上，寻找动物能够感知磁场的有力证据。

看来，牛群身上是否藏着指南针，能否感应磁场这一谜题仍然悬而未决，期待更多的研究人员关注这一问题，得出让世人信服的结论。

鲨鱼会吃人吗

媒体上常有鲨鱼袭击人的报道，历史上最惨烈的一起鲨鱼袭击事件1945年发生在太平洋上。美国一艘军舰“印第安纳波利斯号”被日本潜艇击沉，约300人与船同沉，有900多人漂浮在海上等待救援。可惜直到第四天，一架巡逻机才碰巧发现了他们。在一场大规模的营救行动之后，只有317人幸存下来，除了缺水、暴晒引起的死亡外，很多人是在被鲨鱼攻击后死去的。幸存者对鲨鱼的恐惧难以言表，他们甚至不愿意把这段不堪回首的经历告诉家人和朋友，也不愿意与其他生还者共同追忆。

鲨鱼处在海洋生物链的顶端，是海洋中最凶猛的鱼类之一。世界上约有380种鲨鱼，它们一般不主动攻击人类，主要食物是鱼类，有些还猎食鲸、海狮、海豹等海洋哺乳动物，人类并不在其日常食谱上。鲨鱼中体型最大的是鲸鲨，虽然长 10 米左右，但性格非常温顺，主要食物是浮游生物和小型鱼类。大白鲨是目前所知袭击人类次数最多的鲨鱼了，它非常凶猛，那看起来永远都闭不上的嘴巴让人胆战心惊，强有力的下颚可以撕碎几乎任何猎物。

除下颚外，鲨鱼的牙齿也是强劲有力，锋利无比。在生长过程中，鲨鱼不断长出新牙以取代旧牙，一生中要更换数以几万计的牙齿。据统计，一条鲨鱼在 10 年内就要换掉 2 万余颗牙齿。更有趣的是，鲨鱼牙齿的大小、形状和功能因鲨鱼种类的不同而不同：有的锋利如尖刀，能轻而易举地咬断手指般粗的电缆；有的形状如锯齿，可以用来撕扯食物；还有的牙齿呈扁平臼状，可以用来压碎猎物外壳和骨头等。

人类对鲨鱼的恐惧大概是天生的，人类在面对具有攻击性的大型海洋生物时都会感觉无助，纵使身经百战的军人也

不例外。事实上，只有 10 多种鲨鱼在少数几种情况下才会袭击人类：一是它们对人类感到好奇，以为人类是其他海洋生物；二是它们的领地受到侵犯，感受到危险或受到惊吓；三是它们感到饥饿，迫切需要食物，尤其在闻到了血腥味的时候。

鲨鱼早在恐龙出现的 3 亿年前就已经存在于地球上，至今已超过 5 亿年，它们在近 1 亿年来几乎没有改变。由于有些人认为鲨鱼的软骨——鱼翅——中蛋白质含量很高，鲨鱼曾遭到人类的大量猎杀。因为过度捕捞，鲨鱼数量锐减，有些品种的鲨鱼已濒临灭绝，并对海洋生态系统的平衡造成不利影响。实际上，人体无法有效吸收这些蛋白质。为了保护鲨鱼，国际动物保护组织倡议公众减少鱼翅消费，维护海洋生态平衡。所以远离鱼翅，不只是保护鲨鱼，也是人类对自我的保护。

食人鱼能吃下一头奶牛吗

2013 年圣诞节期间，在阿根廷的罗萨里奥市，由于地处南半球，正值夏季，当地气温直逼 38℃，人们跳入巴拉那河避暑，结果有 70 多人在游泳的时候遭到鱼类袭击，其中一名儿童的手指头被生生咬掉。犯下这起“血案”的正是臭名昭著的食人鱼！食人鱼到底是什么鱼，为何会如此凶残呢?

其实，食人鱼这个名字并不单指某一种鱼，而是对生活在南美洲热带地区亚马孙流域的具有肉食习性的淡水鱼的总称。仅仅在巴西，就有 20 多处城镇、河流、山脉以“食人鱼”命名，当地几乎所有的河流、小溪、湖泊中都生活着这些鱼类，原住民称这类鱼为 piranha, 意思是“长着牙齿的鱼”，我们则常把

这类鱼称为食人鲳、水虎鱼。不过，食人鱼虽然名字唬人，但体型较小，小型种类体长约 10 厘米，大型种类可以长到 50 厘米左右。食人鱼头大，占全身的比例很大，长着一对大而圆的眼睛和一张大嘴巴，凸嘴唇，有上下两排呈三角形的利齿，比钢刀还锋利。有科学家冒着被咬断手指的危险，从亚马孙流域捕捉了 10 多条黑食人鱼。他们把一种特制的力量测量器放到食人鱼的嘴里，测出黑食人鱼的咬力是其体重的 30 倍。从体重、休形与咬力的关系上来看，食人鱼的相对力量已经超过了大白鲨、土狼和凯门鳄。

在一些电影里，食人鱼面目可憎，恐怖狰狞，事实真是这样吗？其实，许多种类的食人鱼色彩艳丽，非常漂亮，曾经作为观赏鱼被引入到其他国家。不过，食人鱼给这些地区造成了不同程度的生态破坏和人员伤亡，名声也越来越坏。食人鱼听起来很可怕，其实它们只在某些特定的情况下才攻击猎物，甚至有的食人鱼还是素食主义者。它们队伍中最臭名昭著的要数红腹食人鱼，出行总是成群结队，气势汹汹，许多大型水生动物都避而远之。

大多数时候，食人鱼对河流中健康的生物不太感兴趣，而是像狼群一样喜欢寻找虚弱的、垂死的猎物下手，简直是“水中狼族”。成群结队的食人鱼一旦被血液

的味道吸引或者发现某只受伤的生物，就会迅速猛扑上去，专挑猎物的眼睛、肩部、肛门等薄弱部位进行攻击，一口咬住并疯狂甩动身体，直到猎物的肉被撕下来。有一部纪录片曾经展示过，在食人鱼的攻击下，一头 100 千克的小牛从落水到变成一堆白骨只用了一个多小时！有时候，这些狼吞虎咽的食人鱼撕咬得失去了控制，在被血染红的水里，它们甚至会自相残杀。

不过，对于亚马孙地区的居民来说，食人鱼和其他生物一样，都是生态系统中重要的一员。尽管食人鱼危险性不容忽视，但只要尊重食人鱼习性，就能有效减少甚至避免食人鱼对人的攻击和伤害，比如不带伤游泳、不在食人鱼出没的水域清洗带血动物等。同时，作为食物链的一分子，食人鱼也有天敌，而且种类很多，水鸟鹭鸶就是其中之一。当雨季的洪水退去，不少食人鱼搁浅，成为了水鸟的大餐。在水中，食人鱼也面临着凯门鳄、巨獭、淡水海豚等的威胁。

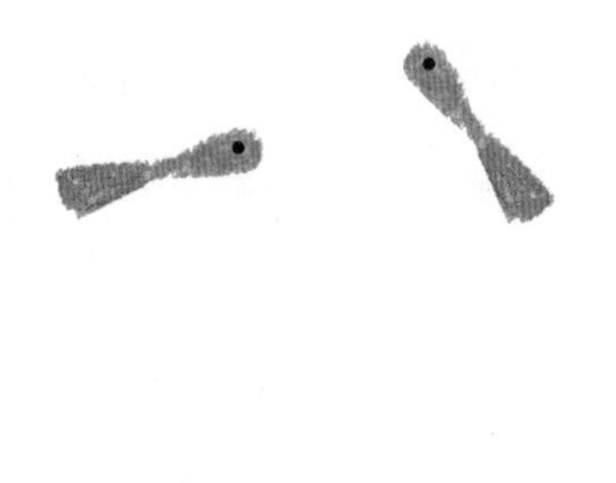

动物的血液都是红色的吗

你可能听说过，在海洋中，生活着全球唯一一种血液为蓝色的动物，你极可能说不出它的名字，但它却拯救了无数人的生命，这就是鲎（hòu）。为什么鲎的血液为蓝色呢？鲎的血液与其他动物颜色不同，是因为它不是用铁离子来“运输”氧的，而是用铜离子。由于含铜离子的蛋白质结合物是蓝色，这就使它们的血液呈现出蓝色。

鲎的祖先出现在地球上的时候，恐龙还不是地球霸主，原始鱼类刚刚诞生。四亿多年来，动物们都在不断进化，有的甚至已被开除了“地球籍”，只有鲎，还保持着最原始的样貌，人们称它为“活化石”。鲎是一种暖水性的底栖节肢动物，形状像蟹，但不是蟹，它与蝎、蜘蛛以及已灭绝的三叶虫有亲缘关系。鲎生活在20—60米水深的沙质底浅海区，喜欢潜入沙底穴居，只露出剑尾。它可以背朝下拍动鳃片在海水里游泳，但通常情况下，它会将身体弯成弓形，钻入泥中，然后用剑尾和最后一对步足推动身体前进。

鲎是“活化石”，长期以来却一直默默无闻。直到20世纪50年代，科学家在鲎的蓝色血液中发现了一种凝血剂，它才成为科学家的“宠儿”。这种凝血剂可以与菌类、内毒素类物质发生反应，并在这些入侵物周围凝结出一层厚厚的凝胶。显然，鲎血的这一性质可以用来检验药品和医疗用品中是否含有杂质。因此，研究人员从鲎的血液中提取有关成分并制成试剂，用来准确、快速地检测人体内部组织是否因细菌感染而致病。在制药和食品工业中，鲎试剂可用于对毒素污染进行监测，以保证这些制品中不含有危险的微生物。这种试剂的灵敏度非常高，甚至可以检测出含量低至万亿分之一的细菌和其他污染物！

自此鲎的身价倍增，人们开始大量捕捞鲎，杀鲎取血，鲎遭遇灭绝的危险。近年来，人们开始采取人工饲养或者采

血后放归的方法，鲎的数量有所回升。比如在美国，只有获得政府相关部门许可的渔民才可以捕捞鲎。这些鲎运往实验室后，清理掉身上的沙子、藤壶和其他杂质，检查身体是否受伤，然后再固定在采血架上，科学家从它们身上抽取相当于其血液总量30% 的血液。在采集结束的当天，渔民会将鲎放生到距离捕捞地 120 千米远的地方，以保证它们不会很快被再次捕获。从抓捕到放生，整个过程大约为 48 个小时。就这样，鲎成为了一名蓝色血的“义务献血者”。

不过，有研究者发现，采血虽然不至于杀死鲎，但仍会对它们的身体产生一些负面影响。比如，在鲎被大量捕捞采血的地方——马萨诸塞州的欢乐湾，上岸产卵的雌鲎越来越少。这很可能是因为采血后的鲎进入了一种半昏睡状态，行动迟缓，不能像其他同类一样跟随潮水行动。这些变化很可能导致雌鲎产卵减少，降低繁殖后代的成功率。相关动物保护人士呼吁，希望科学家早日研发出可替代的药剂，让鲎真正回归大海。

有趣的特性

会变身的火烈鸟

在动物界，麋鹿又叫“四不像”，因为它头像马、角像鹿、颈像骆驼、尾巴像驴，不知道可怜的麋鹿有没有身份归属的模糊感。在鸟类中，火烈鸟堪比“四不像”，它的盆骨、肋骨结构与鹤类似，卵中白蛋白的构成与鹭接近，幼雏的行为习性、成鸟的脚蹼和防水羽毛与雁很像。科学家把火烈鸟划分到红鹳科。

火烈鸟体型大小似鹳，颜色鲜艳美丽，大多生活在南美洲和非洲，最喜欢栖息于盐碱湖、植被稀少的河口和海滨等处。它们过着群居生活，成百上千只一起生活，十分壮观。人们发现，无论是生活在野外还是动物园里，火烈鸟一身高冷范儿，在大多数休息时间里总是一条腿站立，另一条腿弯曲在身体下面。这是为什么？

答：因为抬起两条腿它就摔倒了。

这是一个脑筋急转弯似的回答，不过话说回来，火烈鸟“金鸡独立”之谜确实困扰了科学界很长一段时间。为什么火烈鸟休息的时候更愿意用高跷般的一条细腿支撑身体呢？有人说，这是因为火烈鸟“鸟格分裂”，左右脑分别住着不同的“鸟格”，左脑睡觉时，左腿休息，右腿站立；右脑睡觉时，右腿休息，左腿站立。这看起来不像是正经的研究。还有人说，

这是为了保存热量。火烈鸟长时间站在水中捕食，会流失大量的热量，因此为了尽量减少暴露在水中的皮肤，当不需要行走时就抬起一只脚，以保持体温，节省能量。还有人认为，火烈鸟喜欢一条腿站是因为这样更舒服、更省力。根据科学研究，节省能量可能是最佳答案。

除了单腿站立，火烈鸟的羽毛变色之谜也吸引着众多科学家。火烈鸟刚出生的时候羽毛是灰色或白色的，长大后羽毛就变成了粉红色，而且时深时浅，有时还会变成白色。科学家发现，成年火烈鸟的羽毛是粉色还是白色，完全取决于它们的食物。火烈鸟的主要食物是一种藻类，其中含有一种被称为胡萝卜素的色素。火烈鸟的肝脏能够将这种胡萝卜素分解成粉红色和橘色的色素微粒，储存在火烈鸟的羽毛、嘴巴和腿上，使它们呈现出富有魅力的色彩。火烈鸟的雏鸟也将这些色素储存在肝脏中，等长大后，再把色素转移到羽毛上，羽毛就变成美丽的粉色。

火烈鸟的颜色鲜艳在异性眼中是健康又营养充足的表现，找这样的对象，能够增加繁殖成功的机会。研究人员还发现，颜色鲜艳的火烈鸟比颜色暗淡的火烈鸟更早开始繁殖，而越早开始繁殖越能占据更优越的繁殖地点。看来，火烈鸟想要在婚恋市场上占得先机，得注重点形象才行呢！

无眼大眼狼蛛到底有没有眼睛

对于无眼大眼狼蛛来说，它的名字自相矛盾：既然称“无眼”，怎么又有“大眼”，无眼大眼狼蛛到底有没有眼睛？

狼蛛属于蜘蛛目的一科，它是世界上体型最大而且毒性最强的蜘蛛，狼蛛的背上长着像狼毫一样的毛，因像狼那样追扑食物而得名。狼蛛有 8 只眼睛，前列 4 眼小，中列 2 眼大，后列 2 眼小或中等大。有的狼蛛毒性很大，咬一口能毒死一只麻雀，而大的狼蛛甚至咬一口能毒死一个人。

狼蛛的种类很多，全世界约有 850 种，其中 500 种产自美洲大陆。常见的有狼蛛、水狼蛛、豹蛛、獾蛛和穴居狼蛛。水狼蛛多见于水田或河边；豹蛛的步足较长，足上有长刺；穴狼蛛即穴居狼蛛，大部分时间生活在洞内，前足发达，能够掘土。

无眼大眼狼蛛是一种穴居狼蛛，像其他洞穴动物一样，无眼大眼狼蛛不需要用眼睛看东西，所以进化过程中眼睛逐渐退化了，但是由于它是大眼狼蛛家族的一员，因此得到了“大眼”的称号。

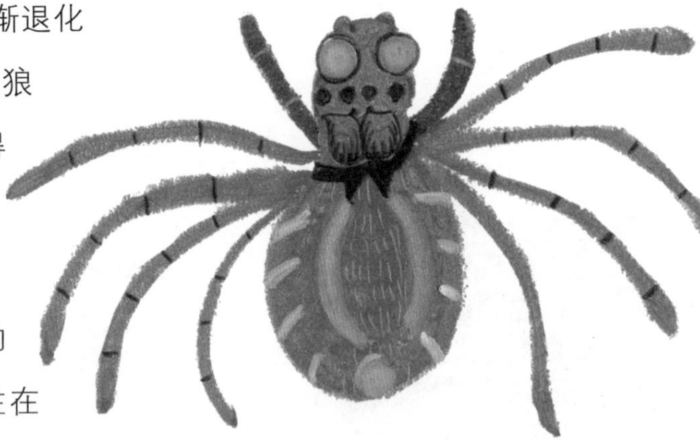

1973 年，人们第一次发现了这种瞎眼的蛛形纲动物，它们居住在夏威夷考艾群岛火山岛的 3 个漆黑洞穴中。与它同穴而居的伙伴和主要的食物来源是洞穴里的小甲壳动物，一种瞎的、半透明小虾。

狼蛛具有超凡的辨识能力。科学家曾在巴西热带雨林中做过一个试验：他们将当地的一种穴居狼蛛从洞中捉出来，放到几十米远的地方，这只狼蛛竟沿着一条最短路径回到了自己的巢穴！科学家们猜测，这种狼蛛或许生长着一种不同寻常的气味辨识器官，能在几十米外闻到自己洞穴的特有气味。美国研究人员发现，雌狼蛛面对向其求偶的雄狼蛛时，如果对方是陌生的，不仅会拒绝对方，而且常常会把对方吃掉；如果对方看上去似曾相识，则往往会善待对方，甚至会接受对方的求爱。但是，雌狼蛛嗜杀成性，一旦交配完成，雄狼蛛必须尽快逃跑，否则它就会被凶残的雌狼蛛吃掉，成为短命的“新郎”。

不过，雌狼蛛虽然凶残，但抚养子女却体贴入微。在产卵前，雌狼蛛就会用蛛丝铺设产褥，将卵产在上面后用蛛丝覆盖，做成一个外包“厚丝缎”、内铺“软丝被”的卵囊，起到防风避雨的效果。为了防止意外，狼蛛干脆把卵囊随身携带，藏在腹部下面，用长长的步足夹着它行走。一只雌狼蛛一般一年做 2—3 次卵囊。狼蛛的习性非常奇特，目前仍是科学家们认真研究的课题！

鱼能在空中飞吗

鱼能在水中游，它能在空中飞吗？

能！我国南海和亚热带地区的海洋里，生活着一种会飞的鱼，叫飞鱼。它的形态像鲤鱼，身上长着像翅膀一样的鳍，头白嘴红，背部有青色的纹理，它是生活在海洋上层水域的鱼类，是鲨鱼、金枪鱼、剑鱼等凶猛鱼类争相捕食的对象。在长期的生存竞争中，飞鱼形成了一种特殊的自卫方法：飞出海面，暂时离开危险的海域逃避敌害。

其实，飞鱼不是真正的飞翔，而是在拍打翼状鳍进行滑翔。飞鱼的胸鳍非常发达，当它张开胸鳍时，便能在空中“飞行”很长一段距离。

飞鱼的身体像织布的长梭，流线型的优美体形，很适合飞行。准备起飞前，

飞鱼首先在水中高速游泳，胸鳍紧贴身体两侧，像一只潜水艇一样稳稳上升；然后尾巴用力，身体像箭一样向空中射出。当它飞出水面后，胸鳍张开，快速向前滑翔。不过，飞鱼并不靠“翅膀”扇动前进，它靠摆动尾部的鳍推动自己在空中前行。飞鱼尾鳍的下半叶不仅很长，还很坚硬，可以说，尾鳍是飞鱼飞行的“发动机”。如果将飞鱼的尾鳍剪去，再把它放回海里，飞鱼就再也不可能腾空而起，只能在海中“默默无闻”了。

飞鱼可以连续滑翔，当它落回水中时，鱼尾快速拍击水面，就能再次把身体推起来。较强壮的飞鱼一次滑翔可达一二百米，滑翔时间可达 40 多秒。

然而，飞鱼并不轻易跃出水面，只在遭到天敌攻击，或者受到船舶发动机震荡声刺激的时候，才施展出这种本领来。可是，这一绝招并不能保证它免受所有

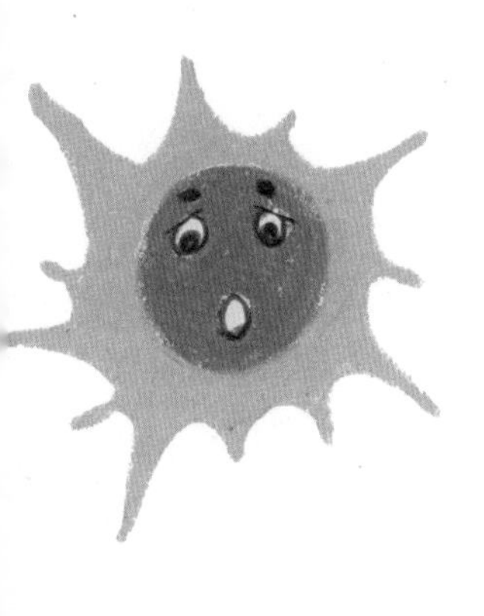

伤害。有时它脱离了危险的海域，躲过了凶猛鱼类的追捕，却正好掉入了在空中“守株待兔”的海鸟的“虎口”，还有可能落到海岸上或者撞在礁石上而丧生。所以，飞鱼为了避免成为海鸟的“口中食”，在空中飞行时，会一会儿跃出水面，一会儿钻入海中，用这种办法来逃避海里或空中的天敌。但是，飞鱼有一个致命“爱好”，它具有趋光性，夜晚要是在船甲板上挂一盏灯，成群的飞鱼就会寻光“飞”来，自投罗网撞到甲板上。

位于加勒比海中的岛国巴巴多斯，以盛产飞鱼而闻名于世。站在海滩上眺望，游客可以看见一条条梭子形的飞鱼破浪而出，在海面上穿梭交织，迎着雪白的浪花腾空飞翔。这“飞鱼击浪”的壮观景象，常常让游人留连忘返。

丛林中的“绿色伞兵”

在我国的南方地区，有一种生活在树林里的蛙类，叫树蛙。它们能在树枝间飞行，是有名的“绿色伞兵”。

树蛙是蛙类家族中的一员，体型中等，不同种类的树蛙体型略有差异，总体而言，雄蛙要小于雌蛙。树蛙头部的宽度和长度几乎相等，身体是细长的扁平形。树蛙前肢粗壮，后肢长，指趾间有发达的蹼，脚趾末端有大吸盘，吸盘的腹面呈肉垫状，边缘还有边缘沟，可以使成蛙的身体牢固地吸附在树干、叶片或其他物体上。树蛙就靠着这个大吸盘栖息在树林里，成为一种树栖性动物。

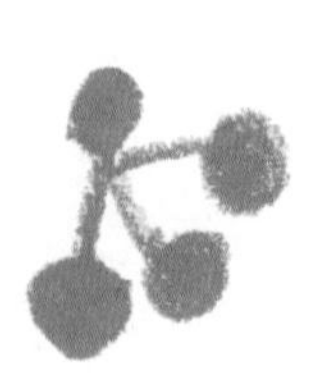

树蛙之所以能获得“绿色伞兵”的称号，全赖于其指趾间发达的蹼。树蛙的指间有蹼，趾间也长有较发达的全蹼或满蹼，部分树蛙的前肢、跟部及肛上方有皮肤褶蹼。树蛙的蹼长得像蒲扇那样大，当它在空中“飞行”时，实际是利用指（趾）间发达的蹼在空中滑翔，变身“绿色伞兵”。

虽然名叫“树蛙”，但并非所有的树蛙都生活在树上。有些树蛙栖息在低矮的灌木或草丛中，以捕食蝇类等昆虫为生。每年的4月中旬至8月下旬是树蛙的繁殖季节，交配后的雌蛙很快就产卵。一般来说，树蛙产的卵粒较小，数量为400—4000粒，颜色多为乳黄色。所有卵粒均被包埋在泡沫状的卵泡内，附着于水塘边的植物上、泥窝内，或者悬挂在

水塘上空的枝叶上。

树蛙卵孵化后，随着卵泡液化和雨水的冲刷，小蝌蚪从树上、植物枝叶上掉入水塘或池塘中。小蝌蚪静静地在水中生活2—3月，体形逐渐变化，最后小蝌蚪变成小树蛙，小树蛙长大后开始陆栖生活，到树林里当上“绿色伞兵”。

目前，由于森林的破坏，植被的减少，树蛙栖息地环境遭到破坏，树蛙种群数量逐渐减少，有的树蛙种类已列入濒危保护动物名单。

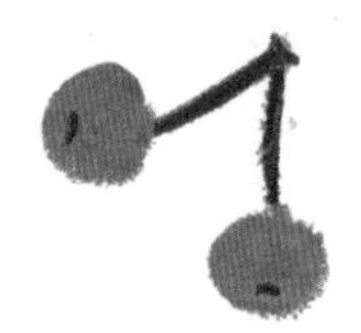

树懒到底有多懒

在动物界，树懒大概是公认的懒汉了。在地球上的任何一种语言——不管是英语、法语、德语、西班牙语还是汉语——“懒”是对它共同的描述。树懒的“懒”是出了名的，据亚马孙雨林地区的原住民说，给树懒喂食叶子，半个月后掰开树懒的嘴，叶子还在嘴里面，只是稍稍有些腐烂。它连树叶都懒得嚼，直接让口水慢慢消化。

树懒大多生活在中美洲和南美洲的热带雨林中，分为二趾树懒和三趾树懒。三趾树懒是哺乳动物中的素食者，主要吃树叶、嫩芽和果实。树懒看起来有点像猴，终年在树上生活，用爪钩住树枝倒挂在上面数小时，一动不动。热带雨林中食物丰富，所以它们以树为家，几乎不用下地，在树上吃饭、睡觉、交配、生育和死亡。只有排便时，它们才会从树上下来。树懒的新陈代谢很慢，进食

后要花费超过一个月的时间消化食物，所以能耐饥。一个月后，非得活动找食物吃时，它们的动作也是懒洋洋的，极其迟缓，就连被人追赶、捕捉时也若无其事慢吞吞地爬行。

这样“左手右手都是慢动作”的树懒动作到底有多慢呢？科学家用一种精巧的电子设备记录了树懒的行动，发现树懒的动作确实非常缓慢，它们的最快速度出现在游泳时，为每分钟 13.5 米。不过，科学家认为，树懒并不是因为懒惰而行动缓慢。

对生活在非洲草原和丛林中的动物来说，敏捷大概是最为重要的优点，这样它们才能逃脱大型捕食者（如狮子、猎豹等）的追逐。即便在美洲的森林里，猴子也是以敏捷来对抗捕猎者。但是，面对危险，树懒选择了更加令人叹服的策略：“隐形”。由于动作实在太慢，身上又寄生了与环境一致的绿色藻类，树懒在大多数猎食者眼中几乎是“隐形”的。角雕是树懒的天敌，它们有着骇人的爪子和恐怖的尖嘴，树懒暴露在它们面前一丁点生还的希望都没有。但树懒的行动缓慢常常连角雕都发现不了它们，那么“懒惰”就不应仅成为树懒的标签，还应该被视作一种超级谨慎的生存技能。不过，“一动不动”这个绝招也不是任何一种动物都能做到的。观看过运动会的人知道，体操运动员在吊环上做“十字支撑”的时候，他们的肌肉会不停地发抖。但对于树懒来说，这种体操动作简直太简单了，它们可以用三趾或两趾紧紧抓住树干，神态安详地挂着，不费吹灰之力。

另外，树懒不像其他哺乳动物一样喜欢用嘴梳理毛发，它们的毛发又长又粗，缓慢地移动也为藻类提供了生存条件，使树懒成为唯一身上长有植物的野生动物。野生的树懒完全是绿色的，它们借着身上的“迷彩服”完美地融入树冠，以躲过可怕的角雕。

树懒还有一项与众不同的技能：憋。人们早就发现，食物从进入树懒的嘴里算起，要经过50多天才能到达肛门。值得注意的是，三趾树懒排便的时候不是在树上随“树”大小便，而是要下到地面上到固定场所挖洞排便，并在结束后将排泄物掩埋起来。这会把它暴露在大型捕食者面前，不过，幸好它的“存储”功能比较强大，它通常一周只需要这样冒险一次。

到底先有鸡还是先有蛋

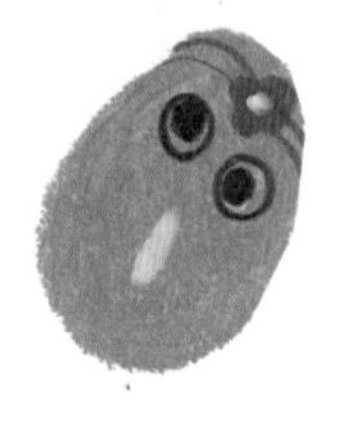

先有鸡还是先有蛋？这个问题争论了上千年。不只是普通民众，科学家也十分关心这个问题，因为由此可以引申出人们不断探索并讨论的生命与宇宙起源问题。

科学家发现，家鸡的驯化历史只有大约一万年。如果将“鸡”的范围扩大到很可能是家鸡祖先且与家鸡非常相似的原鸡属，那么历史可以往前推到2000万年前；如果我们说的“鸡”指的是雉科，还可以往前推到4500万年前。但是，即便如此，和鸟类1.6亿年的历史相比，鸡的历史还是非常短的，更不用说和最早的蛋相比了。那么，如果“先有鸡还是先有蛋”中的“蛋”就指普通家鸡的蛋，“鸡”和“蛋”哪个在先呢？

最先提出这个问题的人已经无法考证，据说在二千多年前，古希腊伟大的哲学家亚里士多德也思考过这个问题。他认为，如果曾有一个最初的人，那他必定是无父无母而降生——但这是违背自然的。蛋能孵出鸟，然而鸟类不可能诞生自一枚最初的蛋，不然一定还得由一只最初的鸟去生下这枚蛋。鸡生蛋，蛋生鸡，这样看来，当然不可能有最初的鸡或者最初的蛋，它们是永恒的循环！这种糊涂的状态持续了将近2000年，直到达尔文出生。

1858年，达尔文发表了关于进化论的文章。进化论告诉人们：任何生物都处在不断演化的过程中，通过一定的突变以及自然选择，物种可以得到进化。这使人们相信，在历史上的某一刻，某一种像鸡但不是鸡的物种，由于基因突变，产出了一枚能够孵出鸡的“蛋”，这就是第一枚“鸡蛋”。当这枚“鸡蛋”孵出鸡后，这只鸡继承了这种基因突变，于是，这种会下鸡蛋的鸡就诞生了。也就是，针对家鸡来说，是先有蛋，再有鸡。

当然，先有鸡蛋再有鸡的说法，也是针对作为新物种的鸡的个体来说的。鸡是卵生动物，鸡和蛋是同一种生物的不同形态，而不是两种不同的生物。现代科学告诉我们，生物是以种群出现的。每一只鸡都会死亡，因此，当产下最初“鸡蛋”的那只“鸡”死掉后，它体内的那个突变基因也不会再出现了。不过，没关系，这些基因是这只“鸡”所在种群的基因库中的一部分，突变基因没有了，但是库还在。生物学家说的物种改变，指的是整体基因库的改变，其中一只“鸡”的变化是没用的。所以说，关于先有鸡还是先有蛋这个问题，最科学而严谨的答案是——一起有。因为，在从非鸡种群往鸡种群的转变过程中，单个的鸡或蛋并没办法分出先后，它们一起被湮没在这个过程中，无法分辨。

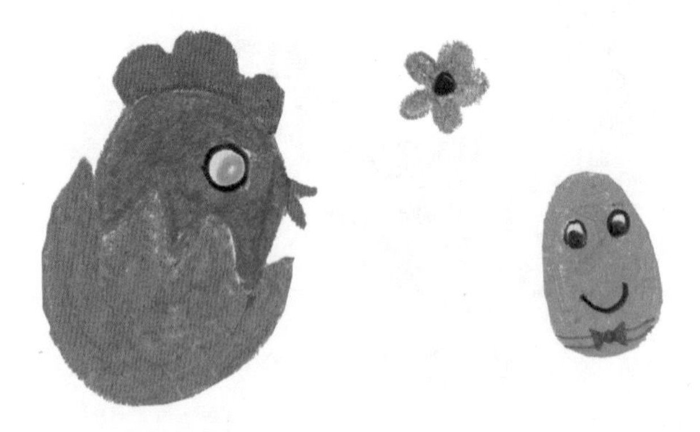

水中的“高压线”

在动画片《精灵宝可梦》中，矮矮胖胖的小可爱皮卡丘拥有神奇的放电能力，它不用爬树，就可以用电击将树上的果子打下来。但你知道吗？在我们这个地球上，真的存在一种拥有放电能力的动物——电鳗。电鳗通过放电捕食或威胁敌人，让它们从藏身处现身或在自己面前无法动弹。

电鳗身上的电是从哪里来的，为什么它自己不会被电到呢？

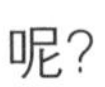

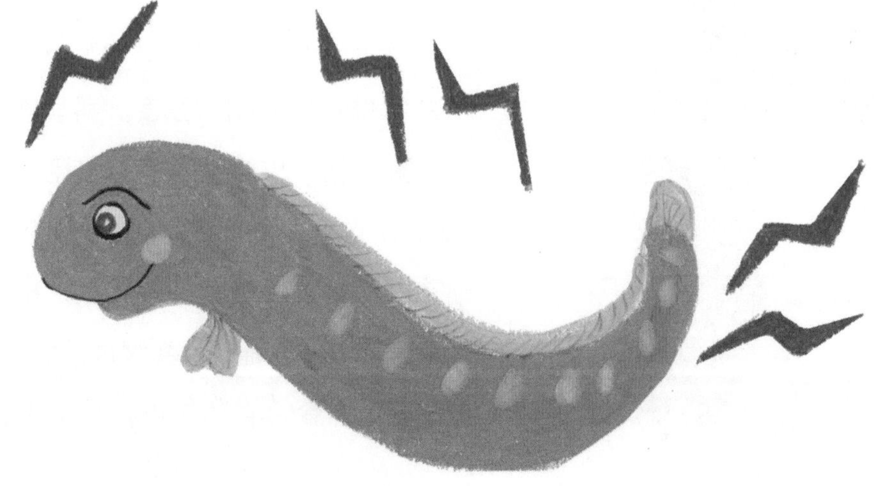

电鳗大多生活在亚马孙流域的淡水之中，它的尾部有两对发电器，形状为长梭形，位于尾部脊髓两侧，是由规则排列的6000—10 000 枚肌肉薄片组成，薄片之间有结缔组织相隔，并有许多根神经直通中枢神经系统。电鳗的每枚肌肉薄片像一个小电池，能产生 150 毫伏的电压，近万个“生物小电池”串联起来，就能产生很高的电压。电鳗是夜行性动物，虽然视力不好，但它的动作非常迅速，输出电压达 300—800 伏，能在 1/10 秒的时间内电击并吞下一条小鱼，因此，电鳗素有水中“高压线”之称。

电鳗发电，其实是为了捕食或自卫。曾经有人测到电鳗放电时的平均电压约为 350 伏，而美洲电鳗的最大电压竟达 800 伏！这么高的电压足以电死一头牛。而且，电鳗能随意放电，自由掌握放电时间和强度。科学家通过实验发现，电鳗捕食有“绝活”，它能利用自身发电系统控制在一定距离内的猎物。如果附近藏了一条鱼，电鳗可以远距离发电使它抽搐，暴露自己的位置；如果电鳗准备捕食，它的发电量会立即麻痹

猎物，使之丧失运动能力。不过，这种麻痹只是暂时的，如果电鳗没有立即捕获它的猎物，这些鱼会迅速恢复清醒并瞬间逃走。电鳗放电不会电到自己，因为它的大部分身体和重要器官都由绝缘性能很高的构造包住，在水中，电鳗就像一个活动电池。

电鳗捕食很有策略。研究电鳗的科学家在电鳗的鱼缸里放入一条用塑料袋包裹着的小鱼，起先电鳗没有看到猎物，它只是短时间地向周围环境释放轻微的电脉冲，进行试探。因为塑料袋中的小鱼没有对电鳗的试探产生反应，电鳗也就没有攻击它。但当电鳗第二次放电试探时，研究人员刺激了小鱼，小鱼的行动被电鳗感知，电鳗即刻发出更强烈的电压。也就是说，电鳗在复杂的环境下，常常会先试探性地放电，如果发现藏匿者，再进行毁灭性的连续电击。电鳗拥有非常高超的捕猎技巧，如果碰到身体只有一部分在水里的大个头捕食者，它会跃出水面，直接贴上去，给敌人更加猛烈的电击。因此在电鳗生活的地区，尽管有鳄鱼、河马等大型动物出没，但它们一般都不会去招惹电鳗。

屎壳郎最爱哪种粪便

在农家乐或牧场游览时，人们可以在乡间小道上看见屎壳郎滚动粪球。屎壳郎中文学名叫蜣螂，是一种大中型昆虫，大部分以动物粪便为食，有“自然界清道夫”之称。

屎壳郎滚动粪球不是为了玩耍，而是为了生存和繁衍，粪球是小屎壳郎繁殖的温床和孵化场所。它们寻找人畜粪便，做成粪球，把粪球滚到预定地点，然后在粪球上挖个洞，把卵产在里面，用土埋起来。当卵孵化成幼虫，幼虫就将粪球作为食物。一些屎壳郎口味始终如一，只吃特定一种哺乳动物的粪便，一些屎壳郎则口味多变。在屎壳郎生活的地方，通常会有很多种哺乳动物，哪些动物的粪便最受屎壳郎青睐呢？

美国的研究人员还真的研究了这个让人倒胃口的问题，

他们决定让屎壳郎自己投票。研究人员选取了十几种分别来自不同种类的动物“候选粪便”作为诱饵，其中有典型的北美物种（野牛、驼鹿、美洲狮），有后来“进口”到北美大陆的物种（驴、人、猪、黑猩猩、老虎、狮子、羚羊），还有偶尔会吸引屎壳郎的老鼠尸体。粪便样本保证新鲜，由当地动物园直供，散放在40平方千米的大牧场上，约有50多个。每天，研究人员都要打开这种有点特别的“投票箱”，计算捕获的屎壳郎的数量，并鉴别它们的种类，然后再跑到1000米外将它们放生。实验于2010年至2011年展开，共计吸引了9000多只屎壳郎参与了实验。

在计算了“投票结果”后，研究人员得出结论：黑猩猩和人类的粪便深受欢迎，并列榜首，不分仲伯，这可能是因为杂食性动物的粪便气味浓烈。排在第三位的是老鼠尸体，它令人作呕的恶臭对屎壳郎有一定的吸引力。另一种杂食动物——猪，位列第四。研究人员发现，这些屎壳郎对新品种

很感兴趣，北美屎壳郎因为已经适应了数万年的“老朋友”野牛粪便被排在最后。

这个实验除了让我们知道了屎壳郎最爱哪种粪便外，还为本地的食粪昆虫是否会清理外来哺乳动物的粪便找到证据。几十年前，澳大利亚大片的牧场变成牛粪场，因为当地的屎壳郎已经适应了有袋类动物的粪便，它们不喜欢处理牛的排泄物，当地人不得不花大价钱引进新的屎壳郎。由此看来，澳大利亚的屎壳郎比较保守，而北美的屎壳郎更喜欢尝试新鲜事物。

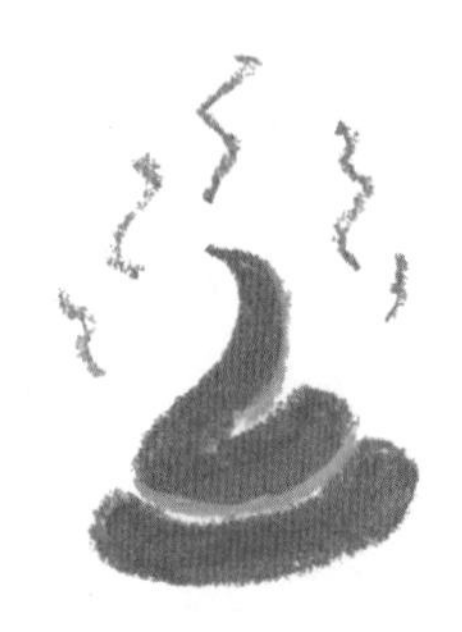

海中“剑侠”

第二次世界大战快要结束的时候，一艘英国油轮“巴尔巴拉号”正在横渡大西洋。突然，值班水手传来绝望的惊叫声：“鱼雷！左舷发现鱼雷！”顿时，船员们慌作一团，全部拥向甲板。主舵手发疯般地转着舵，拼命地改变着航向。向左舷看去，可以清楚地看到一个黑色的椭圆形物体异常迅速地朝轮船冲来，其后掀起一道道白浪。不一会儿，只听一声震耳欲聋的巨响……

船上的人早已被吓

得魂不附体，可是奇怪的是，轮船并没发生爆炸。惊魂甫定的人们这时才发现，轮船船底破了一个大窟窿，海水汹涌而入。而那个可怕的“鱼雷”已经离开了这条船，向着另一个方向冲去。原来，那是一条巨大的剑鱼！

剑鱼素有“活鱼雷”之称，这不是它袭击海上航行船舶的第一次，也不是最后一次。在木船盛行的时期，曾有保险公司把剑鱼攻击船只所造成的伤害，也列入了保险项目中。一家英国博物馆里还保存着一块1886年被剑鱼戳穿的包着铜皮厚达50厘米的木制船板。剑鱼为什么会攻击船只呢？有人说是剑鱼的速度太快，来不及躲避船只，所以经常发生碰撞；有人认为剑鱼有攻击鲸类的习惯，可能把船只错当成了鲸；还有人认为是海上船只的航行干扰了剑鱼的生活，因此剑鱼怒刺船只。

成年剑鱼长约2—3米，重100千克左右。它的长颌呈剑状突出，长度能占身长的1/3，因而得名。它的“剑”异常锋利，就像长尾鲨的尾巴一样。剑鱼多生活在大洋深处，胆小而安分，但发怒的时候，就变得残忍而凶猛，会不顾一切地向鲸、军舰或渔船扑去，速度非常快。

剑鱼的捕食方法很特殊，犹如在跳一场“死亡之舞”：当它追逐鱼群的时候，到处乱撞，长长的“剑”撂倒大量鱼儿，然后再慢慢吞吃。

那么，剑鱼袭击船舶后，它的

“佩剑”能完好如故吗？巨大的冲击力会让剑鱼得脑震荡吗？事实上，剑鱼的头部是天然防震器。“剑”基部的骨头有蜂窝一样的结构，孔隙中充满了油液。剑鱼头盖骨的骨头结合紧密，又与剑的基部连成一体。正是这些结构，使剑鱼能够经受住很强的冲击力。不过，有时候剑鱼的“剑”刺进木船后会拔不出来，想要恢复自由，就只好把“剑”折断。

第二次世界大战期间，“剑鱼式”鱼雷轰炸机是英国皇家海军航空兵使用的主要机型之一，发射鱼雷攻击对方军舰，立下了赫赫战功。

壁虎怎样“丢车保帅”

壁虎是我们时常会看到的小动物，它体型较小，防卫能力比较差，一旦遭遇蛇、鸟等天敌的攻击，就只能“丢车保帅”，使出自断尾巴的绝活。刚断下来的尾巴能在地上扭动几下，就像一条小虫子。敌人的注意力往往会被这扭动的尾巴所吸引，壁虎就可以趁机溜之大吉。过一段时间，壁虎的新尾巴会长出来，看起来完好如初。壁虎怎么做到自动断尾的呢？

原来，壁虎的尾巴中有一串互相关联的尾椎骨，贯穿并支撑着尾巴。每节尾椎骨的中部有一个光滑的关节面，把前后半节尾椎骨连起来，这里就是它断尾时的自断面。壁虎被强敌追得走投无路时，它就剧烈地摇摆身躯，通过尾肌强有力的收缩，使自断面断裂开来。同时强缩肌肉，将断裂处的血管封起来，减少流血。这样，半根连肉带骨的尾巴就干净利索地脱落下来了。随着尾巴的脱落，存在尾部的营养物质便也失去了。为此，壁虎在断尾时总是尽可能少断一点，保留尽可能多的残尾。

壁虎断尾后，伤口会很快愈合。此时以尾椎骨为中心，形成一个尾芽基，然后逐渐长成新尾。不过，再生尾充其量也只是一根不分节的软骨棒，与原先的尾巴已无法相提并论。而且为了重建新尾，壁虎要动用全身积蓄的营养物质，无疑会大伤元气。所以，壁虎断尾，是它为了保全性命而作出的迫不得已的行为，“丢车”是为了“保帅”，一旦发

生此类情况，它即便大难不死，可能也活不长久了。一般来讲，壁虎是难以承受连续几次断尾的。

除了自断尾巴，壁虎还有一项绝技，它能够轻松地在墙壁和天花板上自由攀爬，看不出一丝一毫需要克服重力的困难。这是因为壁虎的脚趾结构很特殊，它上面长着一种极细的、具有分支的硬毛，即“刚毛”。壁虎利用这些刚毛，可以游刃有余地控制脚趾吸力的大小，而且能够不费吹灰之力就抬起原本吸附着的脚趾。这种神奇的刚毛与断尾功能一起，成为壁虎特有的技能。

壁虎断尾再生的能力给科学家很大的启发，人类若经历断指、骨裂等破坏，伤口愈合得很慢，而且断指也不会再生。如今，科学家们正在研究壁虎、蜥蜴等动物尾巴再生的秘密，希望可以研发出刺激人类四肢再生的新方法。希望有朝一日，人类能够像壁虎一样，拥有这项神奇的功能吧！

蛇怪蜥蜴水上漂

在武侠电影中，我们经常能看到轻功超凡的大侠在水面上疾步如飞，蜻蜓点水般触碰一下水面，然后又飘得很远。不过我们得认识到，现实生活中大侠再有本事，也不可能在水面上飞奔。虽然有些动物能够做到，比如蜘蛛、昆虫等，但这是因为它们自身的体重很轻，水面张力和浮力足以支撑它们。但如果看到一只蜥蜴从容地从水面上跑过，你肯定十分吃惊：这样的大个子是怎么做到在水上疾步如飞的呢?

这种明星蜥蜴叫蛇怪蜥蜴，它有一种“特异功能”，能像武侠小说中的大侠一样在水面上飞奔。欧洲的人们觉得，是上帝赋予了蛇怪蜥蜴这种能力，因此又给了它另一个名字——耶稣蜥蜴。科学家对蛇怪蜥蜴的本领很感兴趣：如果能破译蛇怪蜥蜴水上飞的秘密，将其应用于生活或军事行动中，必将大大造福人类!

科学家发现，蛇怪蜥蜴的脚掌底部有类似于叶子的悬垂物，在陆地上行走的时候，这些悬垂物就收起来。跑到水里的时候，这些悬垂物就张开，增大了脚掌与水面的接触面积。科学家用高速摄像机拍下蛇怪蜥蜴水上跑的动作，发现了另一个秘密。录像显示，蛇怪蜥蜴只用后肢在水上飞跑，速度可达每秒钟 1.5 米，在水面上连续跑四五米后，再沉入水中。科学家慢速播放录像后发现，

蛇怪蜥蜴在水上跑的每一步动作可以分成三部分：拍击、扑打、还原。当蛇怪蜥蜴拍击水面时，脚掌主要是垂直运动；扑打时，脚掌主要是向后运动；而在还原历程中，脚掌抬起，离开水面，回到下一步的开始动作。在这些阶段，蜥蜴需要产生出足够的力，才能保证它跑在水面上，同时身体直立。

蛇怪蜥蜴的脚掌向下拍击水面，迫使水下沉或从脚下流走，同时在脚掌的周围形成一个气袋，从而产生了一个向上的力，保证蜥蜴的脚掌向后扑打时将蜥蜴的身体支撑在水面上。而腿掌向后扑打又产生了使它前进的力。通过这样的方法，蛇怪蜥蜴拥有高超的水面行走技巧，能产生一种

类似于斜面支撑的强大气力使它维持在水面上。研究人员认为，蛇怪蜥蜴水上疾跑有点像我们在柔软的地面上跑步，身体需要略向前倾，蛇怪蜥蜴也是这样，运用神奇的脚掌，就能实现向前和向上的力的完美平衡，从而拥有水上飞的绝活。

科学家根据蛇怪蜥蜴水上行走的原理，研制出可以在水上跑的微型机器人，这种微型机器人非常灵活，操作方便，能很好地完成军事侦察、水污染检测等，代替人类做一些具有危险性的工作。

高智商的章鱼

在水族馆的一个小水箱里，一只“久经沙场”的章鱼老手正在打开一个结构复杂的玻璃盒子，以获取里面存放的美味食物。刚从海中捕捞上来的章鱼新客住在隔壁水箱，里面有一只同样结构的盒子。章鱼新手在看过老手的动作以后，没有丝毫犹豫，马上采用同样的办法打开了盒子，饱餐一顿。

章鱼的学习能力，是不是让你大吃一惊?

生物学家说，章鱼是海洋中最聪明的无脊椎动物，它们能够像墨鱼那样变换体色，模仿海洋中的生物和非生物，还能有目的

地玩耍和学习，甚至还能打捞沉没在海底的宝藏。不管在实验室还是水族馆，章鱼都是出色的“逃脱大师”。2014年，生活在新西兰水族馆内的一只体型和足球差不多大小名叫“黑漆漆”的章鱼趁着月黑风高，从水族箱顶盖的缝隙中钻出，通过水族馆地板下与大海相连的排水管成功“越狱”，返回大海。

章鱼令人咂舌的高超本领还不止这些。在所有伪装者中，拟态章鱼的伪装水平最高。拟态章鱼不仅能通过改变体色和皮肤纹理来欺骗掠食者，还能像有毒的比目鱼一样上下起伏游动。它还会模仿同样有毒的蓑鲉，身处洞穴中的章鱼还能把6只触腕留在洞内，把另两只伸出洞外，模拟成一条有毒的海蛇。拟态章鱼能通过改变形状、运动和行为等方式，至少模仿15个不同的物种！

科学家还发现，章鱼拥有超强的记忆力，它们拥有常规来说只有脊椎动物才具备的复杂的学习能力。给加州双斑章鱼两个不同的迷宫，经过几次实验后，它们能识别自己所处的是哪一种迷宫，并立即朝着正确的出口移动。除此之外，章鱼能使用工具，如利用水中的石头筑起可以防御的“石墙”，还能挖出海底废弃的椰子壳，带着它移动多达20米的距离，作为自己的一个庇护所。

玩耍通常被认为是具备高认知能力动物的专利，章鱼也很会玩。太平洋巨型章鱼能对着实验人员丢给它们的小药瓶喷水，这和人类儿童尝试与陌生物体玩耍非常类似。事实上，章鱼并不抚养后代，它们一生除了交配时几乎都是独居的，新生的章鱼无法从父母和其他同辈那里学习生存法则。这些高级认知能力是如何获得的呢？章鱼生活的近海珊瑚礁环境十分复杂，有许多潜在的天敌和众多可供捕食的猎物，这使得章鱼能够快速地学习和适应不同的环境。这也正是章鱼拥有高级认知能力和个体差异的原因。

章鱼的智商到底是怎样演变的呢？对于人类来说，我们按照早已写好的 DNA“剧本”演好自己的一生，偶然会发生基因突变；章鱼的基因突变也很少发生，但它们经常“脱稿”发挥，以适应环境变化。这对于人类和大多数生物而言，是完全不可思议的事情。在科幻电影中，很多外星人是以人类为蓝本创造出来的。其实，章鱼拥有精确的抓捕触腕、照相机一样的眼睛和 3 颗心脏，以及比人类基因组还要复杂的 33 000 个基因，我们似乎更应该以它们为蓝本“创造”神秘的外星生物。

它们和我们

螨虫谣言知多少

午后阳光晒过的被子温暖而柔软，闻起来有太阳的味道，然而有人说这是螨虫尸体散发出的味道。那么，这真的是螨虫尸体的味道吗？鼻子上的黑头也是螨虫在作怪吗？螨虫难道不是只出现在动物身上吗？用除螨机可以彻底除掉螨虫吗？

其实，就像人类和各种动物共同生活在地球大家园一样，我们的身体也是许多微生物生活居住的一座“城堡”。你并不是你脸的唯一拥有者，这话听起来很恐怖，但是真的，你的鼻子上还有螨虫生活着呢！有趣的是，虽然螨虫分为很多种，但与我们皮肤相关的只有尘螨和毛囊螨。这两种螨知名度很高，却常常被混为一谈。它们都非常小，有8条腿，外形有点像蜘蛛，肉眼看不到，在放大镜下才能看见一个移动的小点，在显

微镜下才能看清它们身体的各个部位。毛囊蠕形螨寄生于毛囊中，皮脂蠕形螨寄生于皮脂腺中，两者统称为毛囊螨。它们离开寄生环境将无法生存。而尘螨是自营生计，不依附于人类也可以生存。

其实，螨虫这种小型蛛型纲生物存在于几乎所有的哺乳动物身上。比如，老鼠的脸上就住着四种螨，它们与老鼠和平共处，一旦被除掉，老鼠可能会患上皮肤病。那么，人类和螨是什么关系呢?

科学家发现，每个人身上都住着螨，只是我们看不到它们。以前的科学家用显微镜观察，发现有将近 1/4 的成人脸上有螨。近期科学家抛弃了显微镜，直接在人脸上搜集螨的 DNA，发现每位成人参与者的脸上都检出了螨的 DNA。结果虽然令人惊恐，但其实螨与人类共生的历史十分久远。

尘螨也与我们的日常生活息息相关。尘螨种类繁多，分布广泛，尘螨的分泌物、尸体等是我们最常见的过敏原。枕头、床垫和被子，是尘螨生存的理想地方，地毯和柔软的玩具也是它们重要的藏身之地。尘螨影

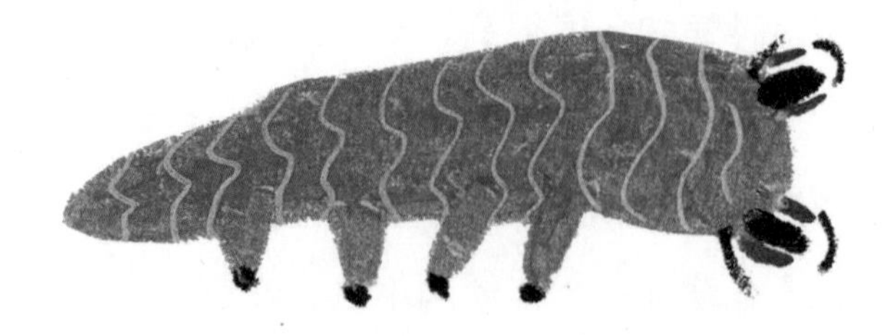

响我们的生活，怎样才能把它们从我们身边赶走呢？把黑色塑料袋罩在棉被外面后放太阳底下暴晒，每天扫床，用除螨机清扫……哪种方法最有效呢？

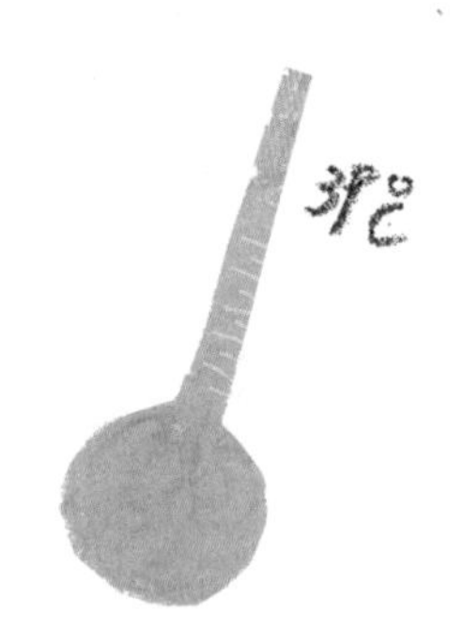

其实，对付尘螨，清洗暴晒是王道。尘螨喜欢温暖潮湿的地方，因此，把衣物放太阳下暴晒或者在 55℃以上的热水中浸泡，就可以达到除螨的效果。实验证明，在 25℃的阳光下直晒 4 小时，能杀死 70% 的尘螨，39℃的高温能杀死 99% 的尘螨，更不用说熨斗的熨烫了。不过，暴晒后被子上所谓的太阳味儿并不是尘螨尸体的味道，而是臭氧的味道。所以，尽管尘螨根除很麻烦，但做到定期清洁清理一般就不会危害健康了，多多晒晒被子吧！

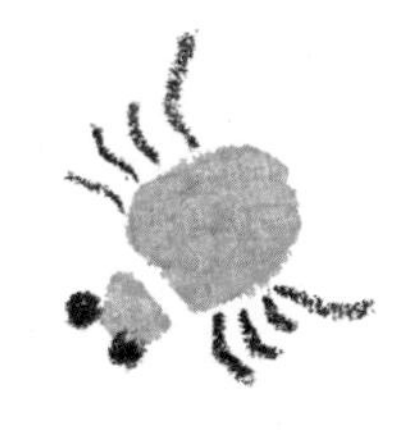

兔子迁移带给我们的教训

兔子这种小动物人见人爱，但在澳大利亚，人们却非常痛恨兔子，甚至“谈兔色变”。这到底是怎么回事呢？

原来，澳大利亚人为了保护生态环境，已经和兔子这个外来物种争斗了百余年。1859 年，一名英格兰农场主来到澳大利亚，他非常热爱打猎，带来了 24 只欧洲兔子、5 只野兔和 72 只鹌鹑，农场主计划着，第二年他就可以在空闲时间享受骑马猎兔的乐趣。但谁也没想到，这些兔子给澳大利亚带来了一场灾难！

对于兔子来说，澳大利亚这块新的生活区域地广人稀，这里没有它的天敌鹰、狐狸和狼等，气候宜人、草料丰富、土壤疏松，简直就是天堂！它们无拘无束地繁殖，以一年 130 千米的速度扩大着繁衍生息的地盘。到 1907 年，兔子已经扩散到澳大利亚的东西两岸，遍布整个大陆。兔子种群的数量也呈几何级数增长，1926 年，全澳大利亚的兔子数量增

长到创纪录的 100 亿只。它们给澳大利亚美丽的大草原带来了难以预估的破坏。因为，10 只兔子就能吃掉一只羊的口粮，它们还啃食灌木、树皮。在干旱地区，每一万平方米的土地上只要生活有 4 只兔子，这片土地上的各种植物就无法继续保持种群的存续。大量的兔子使得澳大利亚大部分地区的水土保持能力急剧下降，水土流失和土壤退化也日益严重，生态环境遭到严重破坏。

为数众多的兔子成为澳大利亚本土动物的噩梦。兔子将它们的食物一抢而光，这些性情温和的小动物被迫忍饥挨饿。澳大利亚几十种原生动物很快灭绝或近乎灭绝，其中包括澳大利亚最古老、最小巧的一种袋鼠——鼠袋鼠。澳大利亚的农业和畜牧业遭受了巨大的损失。

早在 1881 年，深受兔子困扰的农场主就开始围剿兔子。除了采用传统的猎杀、布网、堵洞、放毒气、在胡萝卜里下毒等方法外，澳大利亚人还引进了另一种外来生物——狐狸。一开始，狐狸还能“恪守其职”抓兔子，对抑制兔子数量增长起到了一定的作用，但当它们发现本地行动迟缓的有袋类动物捕食起来更省力之后，情况更加糟糕了。澳大利亚人不得不开始消灭狐狸了。

1887 年，新南威尔士州政府悬赏 2.5 万英镑寻找有效灭兔的方法，但没有成功。1901 年，绝望的澳大利亚人试图修

建一条贯穿澳洲大陆的篱笆，以阻挡兔子的去路，还没建成兔子就越界了。1950 年春，澳大利亚决定采用生物控制的方法灭兔，引进了一种依靠蚊子传播的病毒——黏液瘤病毒。很快，这种病毒在兔子群中发挥了作用，感染后的兔子死亡率达到了 99.9%。两年后，整个澳洲有 80%—95% 的兔子种群被消灭。但是余下兔子的体内产生了耐药性，死亡率越来越低，兔子的数量又逐渐回升，到 1990 年时又恢复到约 6 亿只。为了继续抑制兔子的大量繁殖，澳大利亚的科学家们不停地尝试各种不同的生物控制方法。后来，一次实验意外事故导致一种有特效的兔杯状病毒流到了外界，在 8 周内就成功消灭了 1000 万只兔子，兔子数量得到有效控制。现在，这种病毒已经成为应用较多的生物控制方法。

澳大利亚持续百余年的“人兔大战”被公认为人类历史上最严重的生物入侵事件。现在，国际社会对外来物种入侵及本地生物多样性越来越重视，希望澳大利亚兔灾那样的悲剧不再重演。

飞向太空的动物宇航员

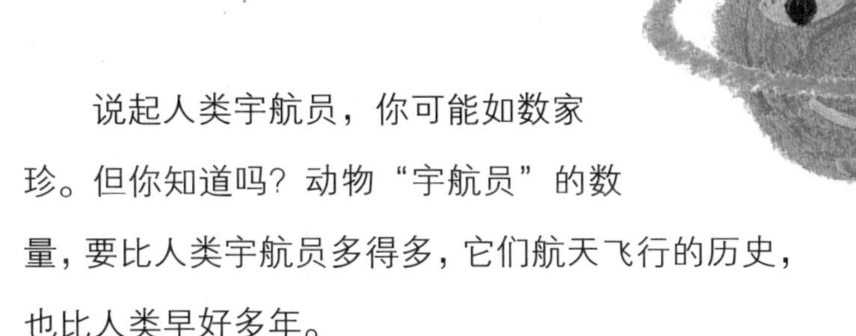

说起人类宇航员，你可能如数家珍。但你知道吗？动物“宇航员”的数量，要比人类宇航员多得多，它们航天飞行的历史，也比人类早好多年。

第一个进入大气层 100 千米以上外太空的动物是一只果蝇。果蝇遗传基因的很大一部分与已知的人类疾病基因相匹配，果蝇也需要每夜入睡，对普通麻醉剂的反应与人类相似，而且繁殖得很快。1947 年 2 月，它们和一些谷物种子搭乘美国的 V2 火箭进入太空，科学家希望了解高空辐射对基因可能造成的影响。所以说，果蝇是动物世界的第一个“宇航员”。

为了弄清楚太空飞行对人类生理机能的影响，检验飞行器的生命保障功能，美国人一向偏好用猴子开展研究。因为猴子的生理结构与人类相似。曾经有一只猴子于 1948 年乘坐火箭最早上天，但这支火箭没能飞到离地 100 千米以外。

真正意义上的第一只太空猴，是 1949 年乘坐火箭飞到 134 千米高空的“阿尔伯特 2 号”。这两只猴子都死于太空中。直到 1951 年，才有第一只猴子从太空中安全返回。去过太空的猴子寿命都不长，只有一只松鼠猴，于 1959 年完成使命后又活了 25 年。

苏联人钟情于用狗做实验，认为狗能更长时间忍耐恶劣的发射环境。在载人航天飞行之前，他们多次把小狗送上太空，作为人类航天的开路先锋。第一条上天的小狗“莱卡”于 1957 年 11 月搭乘“斯普特尼克 2 号”进入太空。可惜限于当时的技术水平，小狗“莱卡”在天上没呆几个小时，就因酷热和高压而死去，成为第一只为航天飞行献身的狗。小狗“莱卡”的经历给人类研究太空提供了有益的资料，标志着人类探索太空由不可能变为可能。在苏联宇航员加加林 1961 年进入太空之前，苏联至少将 10 只狗送入了太空，其中有 6 只生还。

黑猩猩与人类是近亲，对人类来说，在它们身上开展的太空实验就显得尤其重要。第一只进入太空的黑猩猩是“哈姆”，它是 1961 年 1 月发射的宇宙飞船“水星号”上的唯一乘客。它的任务相当重要——当看到仪表盘闪

现蓝光时，扳动拉杆引导降落。地面上的研究人员通过香蕉和电击训练哈姆学习这项操作。最后哈姆成功完成了任务，当营救人员把坠入大西洋的太空舱打捞上来后，给了出舱的哈姆一个苹果和半个橘子作为奖励。在这次太空之旅中毫发无损的哈姆最后在美国的动物园内去世。

其他上天的动物还有很多。1963 年，法国人第一次成功地将猫送上太空，另外，宇航员曾经把必须用显微镜才能看清的熊虫带到了国际空间站的舱外，发现它们能够在真空和太阳辐射的双重残酷条件下存活。它们为科研人员提供了寻找到宇航员免受辐射的新思路。

进入太空的其他动物还有蟋蟀、豚鼠、青蛙、蟾蜍、蝾螈、老鼠、黄蜂、甲虫、蜘蛛和鱼。1968 年，苏联科研人员还把一只乌龟送到了太空，成为第一只完成绕月飞行的乌龟。

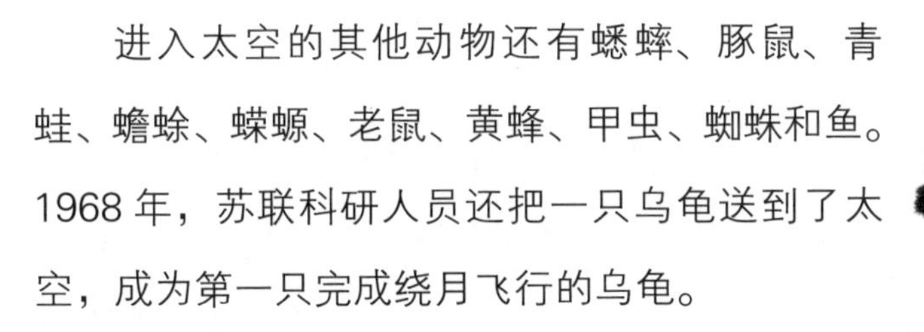

麝牛是有香味的牛吗

许多年前，初涉北极圈的探险家们发现，在这片极寒的大陆上生活着一种身披长毛“大衣”的大型食草动物，它就是麝牛。有趣的是，麝牛虽然长得像美洲野牛，名字中也带牛字，但亲缘关系更接近羊，是羊亚科动物。就像可爱的羊驼一样，羊驼虽然看起来像羊，但属于骆驼科。

麝牛生活在北美洲北部、格陵兰岛等北极地区，雄性麝牛眼睛下面的腺体在发情时会散发出一种类似麝香的气味，麝牛因此而得名。为了抵

御风雪和猛兽的攻击，麝牛身披长长的双层棕色体毛，一直拖到地上。长毛下面还有一层厚厚的绒毛，既柔软又保暖，就像防寒服一样保证

了麝牛可以抵挡时速 96 千米的风和 –50℃的低温。麝牛无论雌雄都有角，两角先向下弯曲，而后又向上挑起，尖端异常锋利，不仅可以对付猛兽的攻击，也是公牛之间争夺配偶的神兵利器。

麝牛过着群居生活，以地衣、苔藓、草、灌木叶为食，吃东西时细嚼慢咽，吃饱了就打起瞌睡。它们的生活看起来很懒散，但慢生活是它们高效保存能量的生存之道，这在极寒地区尤其重要。麝牛性情温顺，但也勇敢，在任何情况下都不会退缩逃跑。它们的主要天敌是北极狼和北极熊，当遇到天敌时，麝牛不像北美野牛那样惊慌失措地乱跑，而是马上形成一种防御阵形，成年雄性麝牛站在阵形最前沿，肩并肩，把幼牛和弱小的成员保护在中间，集体居高临下地逼视入侵者。面对麝牛半吨重的庞大身躯和坚硬的牛角，北极狼和北极熊往往无计可施。有时愤怒的麝牛还会冲出防御圈，对敌人发起主动攻击。

麝牛曾经一度濒临灭绝的边缘，一是由于麝牛幼崽的成

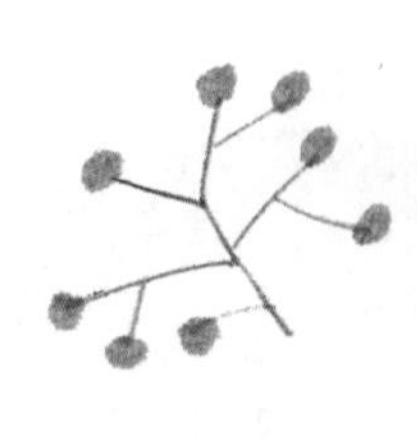

活率很低。雌麝牛每年4月产崽，这时天气很寒冷，夜比昼长，初生的幼崽往往乳毛未干即被冻死。即使在隆冬季节，有时仍会有一股温暖的气流光顾北极，带来一场大雨。这时，淋湿的麝牛经寒风一吹就变成了一个大冰块，很容易活活冻死。

除了残酷的自然条件外，麝牛濒临灭绝还有的一个重要原因是人。麝牛全身是宝，为了获取巨大的经济利益，偷猎者挥舞着枪支进入极地，向麝牛伸出罪恶之手。偷猎者先是派出猎狗追赶麝牛，等麝牛愤怒地形成防御圈准备决一死战时，他们便扣动扳机，一头接一头地将其射杀。这种杀戮极为高效，至20世纪初，麝牛基本灭绝，只在人迹罕至的极寒地带有几头幸存了下来。如今，在相关国家政府的重视下，麝牛受到了保护，在北极圈地区的种群数量已有所恢复。

麝牛曾经在北半球广泛分布，它们从60万年前开始演化，曾与长毛象和剑齿虎生活在同一个时代，也是末次冰期后生存下来的极少的大型哺乳动物种类之一。请保护好麝牛，保护好我们地球家园的生物多样性！

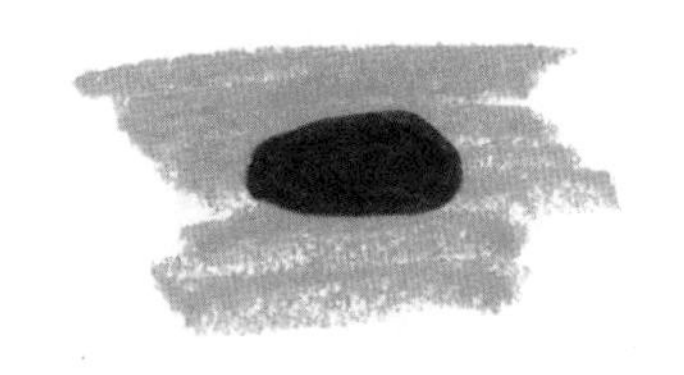

土拨鼠呆萌的外表背后

每年2月2日，在美国和加拿大的一些城市和村庄，人们会庆祝一个特殊的节日——土拨鼠日。据说在这一天，如果土拨鼠出洞的时候能看到自己的影子，预示北美的冬天还有6个星期才会结束；如果土拨鼠看不到自己的影子，就预示寒冬即将结束。这是在1887年形成的北美传统，土拨鼠节成为这些地区的一个热门的旅游节目。

土拨鼠，又叫旱獭，长长的门牙、可爱的尾巴、短短胖胖的手脚和呆呆傻傻的模样很讨人喜欢。在北半球的高山草甸、平地草原甚至岩石旷野，到处都能看到它们的身影，尤其是在向阳干燥的山坡、谷地和牧草茂盛的草地里。土拨鼠是昼行性食草动物，和松

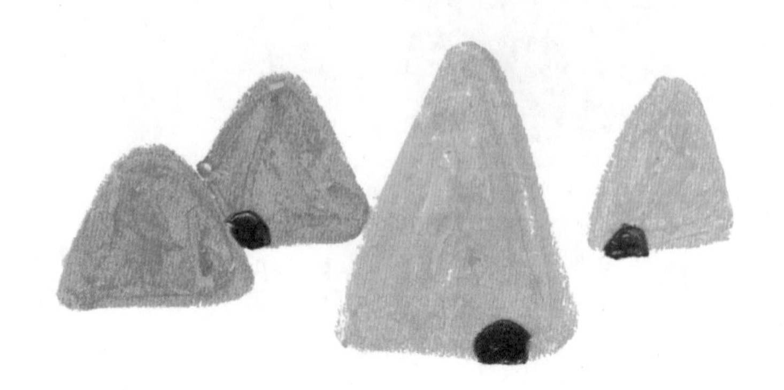

鼠、海狸和花栗鼠是同门“兄弟”，都属啮齿目松鼠科。

除了长得非常可爱，土拨鼠的打洞技能可谓一流，这是它们与生俱来的能力。土拨鼠过着群居生活，洞穴非常复杂，就像庞大的“地下宫殿”，各“居室”各司其职，有越冬洞穴、消夏洞穴，还有供临时休息的洞穴。冬眠之前，为了防止洞口旁躲藏天敌，土拨鼠会咬断并拖走洞口周围的植物，再把洞口堵塞。不过，土拨鼠虽然样子可爱，但却给人类和其他动物带来了不少灾难。

首先，土拨鼠虽然吃素，但它们是十足的“吃货”，数量众多的土拨鼠会和牲畜争抢牧草。一只成年土拨鼠每年能吃掉 50—100 千克的优质牧草。另外，它们大量挖洞，堆翻的泥土形成大土丘，容易引起风蚀和水土流失，导致草场沙漠化。更严重的是，土拨鼠是鼠疫杆菌的宿主，它们屡屡成为引发牧区鼠疫的元凶，威胁人畜的身体健康。

美国科学家还发现，某些土拨鼠会凶残地杀死“邻居”地松鼠的幼崽。它们会耐心地等在地松鼠的洞穴出口，等地松鼠出来的时候伺机将它们一个个杀死。土拨鼠是食草动物，它为什么要杀死地松鼠呢？原来这一切都源自竞争！土拨鼠和地松鼠居住在同一片区域，吃着同一种草，杀死地松鼠就意味着土拨鼠和它们的后代能够拥有更多的食物！美国的科学家在经过连续6年的观察后发现，草原土拨鼠（大多数是雌性）杀死的地松鼠越多，它们抚育长大的后代数量也越多。每年至少作案两次的土拨鼠“杀手”成功抚育的后代数量，是那些循规蹈矩、不做杀手的土拨鼠后代数量的3倍。

渡渡鸟是怎样灭绝的

1598 年，好奇的欧洲探险家们在大洋上扬帆远航，探索未知的土地。其中一艘去往印度尼西亚的船只偏离了航向，来到了美丽的毛里求斯。在这里船员们发现了一种之前从未见过的鸟。它们发出“渡——渡——”的叫声，样子傻傻的，看见人也不会逃跑，因此得名渡渡鸟。从欧洲人发现渡渡鸟到渡渡鸟灭绝，这中间只隔了不到 70 年！自然界中有不少生物因优胜劣汰而灭绝，但渡渡鸟是首个因人类活动而灭绝的动物。

渡渡鸟与鸽子是“亲戚”，生活在非洲岛国毛里求斯。当地食物资源丰富，而且渡渡鸟没有天敌，因此在长久的自然进化过程中，原本能够飞行的渡渡鸟的体形发生了变化，身体变得臃肿，翅膀退化，最终成为了一种不会飞的鸟，只能在陆地上跳跃前行。

随着大航海时代的到来，大批欧洲殖民者相继来到毛里求斯，同时带来了猫、猪、狗、食蟹猴等动物。这些动物很快发现性格温顺而行动笨拙的渡渡鸟是它们最好的食物，于是开始大肆捕食渡渡鸟以及它们的幼鸟和卵。雪上加霜的是，殖民者为了掠夺林业资源，大肆砍伐森林，渡渡鸟赖以生存的生态环境遭到破坏。种群数量急剧下降，最后一次渡渡鸟目击报告的记录时间是 1662 年。

在 17 世纪，曾有探险家将渡渡鸟带回伦敦展览，满足大众猎奇的心理。后来，渡渡鸟唯一留存在世的遗骸被做成标本，由牛津一家私人博物馆收藏。1860 年左右，牛津大学自然历史博物馆建馆，有人翻出了这个渡渡鸟标本，然而只剩残破的头和脚了。如今，这只渡渡鸟标本成为该博物馆最著名的藏品之一，无数人争相前往参观，并写下了优美的文字。比如，刘易斯·卡罗尔在他的著作《爱丽丝梦游仙境》中就描述说，那只与爱丽丝赛跑的渡渡鸟喜欢“用莎士比亚的姿势思考问题”。

不过，渡渡鸟究竟长什么样呢？当年的探险家并没有详细描绘渡渡鸟的形象，也没有画像留存下来给后人参考。画家们只好凭借自己的想象，把渡渡鸟画得色彩斑斓，蠢笨可爱。后来，牛津大学的生物学家们根据这唯一的标本进行推算，发现渡渡鸟的骨骼结构无法支撑起传统画像中它那肥胖的身躯。也就是说，真实的渡渡鸟要比画家笔下的瘦得多。于是他们重建了一只渡渡鸟模型，为渡渡鸟的身材正名。

英语中有句俚语“As dead as a dodo”，意思是“像渡渡鸟一样彻底死去”。如今，我们只能在毛里求斯的国徽和一些艺术作品中才能看到渡渡鸟的样子。渡渡鸟的灭绝事件提醒人们，保护濒危野生动植物是我们的职责，不能让它们重演渡渡鸟的悲剧。

鸟粪战争

秘鲁是一个地处南美洲的国家，曾经是西班牙的殖民地，长期处于西班牙的统治压迫之下。然而自 19 世纪下半叶起，秘鲁经济迅速发展，军事力量也得到加强，还成立了自己的海军舰队，拥有当时世界上威力最强大的火炮。19 世纪 60 年代，秘鲁还与西班牙发生过军事对抗……是什么原因，让秘鲁开始如此底气十足呢？

原来，秘鲁有了新式的“赚钱机器”，这个国家在鸟粪贸易中赚取了巨大的利润。这一切要感谢一位叫洪堡的德国科学家。洪堡在南美洲进行科学考查时发现秘鲁某个群岛的居民用鸟粪作肥料，能大幅提高粮食产量。他把这一发现写进了书里，向欧洲人介绍这种鸟粪的价值。当时的欧洲人口激增，粮食需求非常大，各国政府迫切需要提高农作物产量。就这样，秘鲁的鸟粪搭上了天时地利的顺风车，一路远销到欧洲，为秘鲁换回了上亿英镑的收入。

秘鲁为什么会有这么多的鸟粪呢？原来这些鸟粪主要产自秘鲁太平洋沿岸的钦查群岛。这里自然条件独特，西海岸大陆架狭窄，海底较浅，水温适中，近海长满了小球藻之类的浮游生物。因此，这里聚集生活了大量的鱼类，许多的海鸟也飞聚这里。它们吃掉鱼虾，排泄出大量的粪便。人迹罕至的秘鲁海岛，成了鸟类的天堂。鸟粪越积越多，再经过漫长的成矿作用，变成了富含磷酸盐的优质肥料。工人需暂时忍耐下恶臭的气味和难耐的酷热，将鸟粪打包装上船运往欧洲，就能为秘鲁换回巨大的财富。最初几年，贩卖鸟粪的收入不足秘鲁政府收入的 10%，而到 1875 年，这个比例已经上升至 80%。

在秘鲁、玻利维亚和智利三国交界处的阿塔卡马沙漠盛

产鸟粪同时还盛产硝石，而硝石是制造火药的重要原料。沙漠之中蕴藏的巨大财富使得三个国家都对此地虎视眈眈。为了争夺这块地盘，1879 年 3 月，玻利维亚、智利和秘鲁之间爆发了战争。由于这场战争是为了争夺硝石和鸟粪，因此被称“硝石战争”或“鸟粪战争”。最终智利赢得了这场战争，秘鲁和玻利维亚被迫割让阿塔卡马沙漠。

纵览人类历史，战争虽然经常发生，但为了鸟粪而发动战争的，这是唯一的例子。这听上去很搞笑，但背后其实是争夺资源和财富。目前，产自秘鲁的鸟粪很走俏，被认为是世界上最好的有机肥料。它们一部分内销，另一部分出口，深受美国、法国、意大利等国园丁们的喜爱。

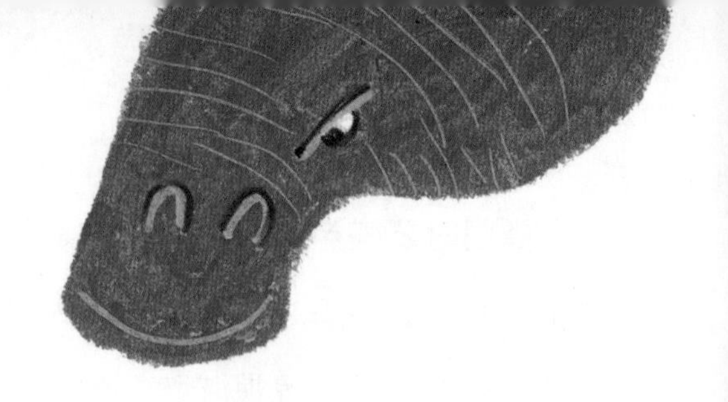

美人鱼的前世今生

几百年来，有一种海洋动物一直为全世界的水手深深“惦念”，衍生出了无数美丽动人的故事。在童话王国丹麦的首都哥本哈根，美丽的海边就有着一具与之相关的铜雕塑，深受全世界人们的喜欢。它，就是传说中生活在海洋里的美人鱼。

据说美洲大陆刚被发现时，欧洲人乘船前往，每当黄昏日落或明月高悬的时候，水手们通过单筒望远镜，就能看到一群美丽的“女人”在嬉戏，其中有些在给“婴儿”喂奶。这些“女人”没有腿，下半身是像鱼一样的尾巴。美人鱼的传说就这样诞生了。

其实，传说中人身鱼尾的美人鱼在现实中是不存在的。美人鱼的原型是一种生活在热带亚热带水域、喜欢在近海出现的大型水生哺乳动物，是最古老的海洋动物之一，名叫儒艮。儒艮喜欢在海草床中觅食，如果人类活动较多，它就在晚上出现。它们每隔半个小时左右要出水换气，也会像人类母亲一样抱着小儒艮喂奶。在昏暗的月光下，水手们就误以为看见了游泳的女人。

儒艮虽然叫美人鱼，其实长得并不美，甚至可以说很丑陋。成年儒艮的身体呈纺锤形，目前记录中最重的儒艮超过一吨。儒艮虽然看上去很笨重，但性情很温和。它们经常三五成群地以家族为单位出没在浅海地带，同伴之间常常以鼻相碰以示友好。有趣的是，儒艮长着和陆地上的远亲大象一样又长又尖的侧牙，可以在争夺配偶和防御敌人时使用。雄性的侧牙比雌性的长。

儒艮与陆地上的亚洲象有着共同的祖先，后来进入海洋，但仍然保持了食草的习性，它们已经在海洋里生活了超过 2500 万年。有科学家称儒艮是“湿地生物多样性保护中的‘旗舰’动物”。

儒艮主要吃藻类、水草等水生植物，每天要吃 10 多千克，偶尔也吃点小鱼虾和小型软体动物。儒艮主要在涨潮的时候就餐。因为落潮的时

候海草浮出水面，而儒艮身体庞大，没法游过去。儒艮长着大大的宽嘴巴，舌头也长，儒艮觅食的动作和牛一样，一边咀嚼，一边不停地摆动头部，所以又称“海牛”。儒艮可以摒住呼吸沉在30—40米的水底下达20分钟之久，遭遇敌人的时候，用宽大、肥厚的尾巴击水，游泳逃走。不过儒艮的游泳速度不快，每小时最快也只能游10千米，所以儒艮主要依靠海草丛隐藏自己。

如今，世界上大部分的儒艮生活在澳大利亚北部沿海，权威估计数量约为85 000头。我国的广西和海南沿海也有儒艮出没，广西合浦还有专门的儒艮自然保护区。这片海域生长着大片的海草，海水质量也好，而且有海底深槽供儒艮休息，是儒艮理想的活动家园。

如今，受人类活动加剧的影响，以及生态环境的不断恶化，儒艮的数量不断减少，已被列入我国一级保护动物名单。希望随着全社会环保意识的增强，加强对儒艮资源及其栖息地的保护，让传说中的美人鱼续写美丽的童话。

跟着鸟儿去捕鱼

空中飞翔的鸟儿很多是会捕鱼的。鸬鹚就是其中有名的捕鱼能手，渔民们常常利用它们来帮助捕鱼。

生活在我国南方的渔民常把鸬鹚叫作水老鸦，它们行动敏捷，非常熟悉水性。野生鸬鹚常常栖息于湖畔、河边、海滨的芦苇丛中，渔民捕捉来后加以驯化，用于捕鱼。他们将驯化后的鸬鹚带上船，让它们蹲在船舷两侧。渔民们驾着船在湖面荡漾，一旦发现鱼群，他们便把鸬鹚赶入水中。鸬鹚抓鱼水平高超，它们在水中潜游，用长而勾的尖喙捉到鱼后把鱼吞进嘴巴里。不一会它的脖子

就胀鼓鼓的了。回到船上后，渔民从它的嘴里把鱼一条一条挖出来，一次可以有好几斤！

为什么鸬鹚不会把鱼吞进肚子里呢？原来渔民事先已在鸬鹚脖子下端缚上了细绳，这样吞进的鱼就存在脖子处的囊中。当然，捕鱼工作结束后，辛勤劳动的鸬鹚会得到奖励——一条小鱼。

有一种神奇的动物——秋沙鸭会赶鱼。这种鸭子的喙狭长而尖锐，端部弯曲，呈钩状，善于潜泳啄取鱼类。在芬兰与瑞典的一些地方，渔民们请秋沙鸭“帮忙”，把鱼群赶到人工设置的树枝或茅草堆中，渔民们伺机在那里张网捕鱼。

在我国西沙地区的海边，有一种大型海鸟猎食时还能给渔船导航，它就是鲣鸟。鲣鸟体型巨大，身长可达 70 厘米。它们在海面上无声地飞行。一旦发现猎物，就从离海面二三十米的空中，以迅猛的姿势一头扎入水中，将猎物捕获，然后再飞回空中。如果是一群鲣鸟同时捕食，海水会因为群鸟扑水而飞溅如花，构成一幅壮美的图画。

鲣鸟非常勤劳，每天清晨成群结队飞往海面寻找食物，晚上再返回栖息地过夜，很有规律。渔民们不仅可以根据它们飞行的方向和集群的场所找到鱼群的位置，一旦在海上迷失航向时，还能沿着它飞行的路线来确定返航的方向，所以鲣鸟又被亲切地称为“导航鸟”。

臭行天下的动物

自然界中的动物随时面临天敌的侵扰，因而练就了各自的生存之道。让人恶心的“臭”就是一些动物的保护伞：有的动物以粪便为武器，能发射粪便“炮弹”；有的动物将自身的臭味蹭到树上、岸边，以标识自己的领地；还有的动物以腐肉为食，在遇到危险的时候吐出腐肉，把敌人熏跑……动物们各显神通，令人大开眼界。

俗称“放屁虫”的椿象是昆虫界以臭味自保的翘楚，在天敌众多的昆虫中可谓“臭大姐”。它们身上有一个开口位于胸部的臭腺，当遇到敌人或受到惊吓时，臭腺就分泌出挥发性的臭虫酸，敌人被熏得晕头转向之时，放屁虫乘机逃之夭夭。虽然放屁虫的“臭气弹”没啥伤害性，但臭味十足，

如果不小心被放屁虫的臭气熏到手，即使洗了好几次手后，臭味还会有残留呢！

说起以臭为盾的动物，当然少不了黄鼠狼。黄鼠狼既能下水捕鱼捉蛙，又能上树掏窝偷蛋，还能地上追逐老鼠，堪称海陆空三栖全能选手。它在遇到除老鹰和猫头鹰外的其他天敌时，也会从位于肛门口的臭腺中发射出一股恶臭的液体，敌人闻到后轻则头晕，重则昏倒，而黄鼠狼则趁机逃跑。

非洲一种喜欢在夜间活动的气步甲虫，也是用臭高手。它身披硬甲，有三对步行足，可以交替运动，爬行速度很快。气步甲虫发现猎物之后，先上前用触角试探，随后张开大牙猛咬。气步甲虫一时难以制伏对手或受到惊吓时，就会从肛门喷出高温液体“炮弹”。这种“炮弹”的原料其实是一种气液混合物，来自气步甲虫体内的两个“燃料仓”，仓内分别是两种自然合成的气体。当遇到外界威胁或压力时，气步甲虫会把这两种气体同时注入一个专门的“燃烧仓”，同时加入身体分泌的水和酶——生化反应产生足够的热量及大量的气体，然后从身体

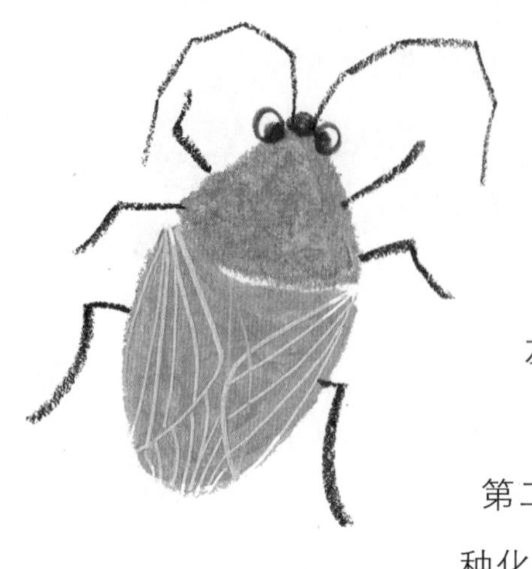

尾部的喷口喷射出去。整个过程仅需几分之一秒。更有趣的是，气步甲虫通过灵活地调转腹部，可以调节喷射方向，向前、后、左、右发射，就像一个灵活的炮台。

受气步甲虫喷射毒液的启发，在第二次世界大战期间，人们研制出一种化学武器。预先把两种或多种化学物质隔开装在一个炮弹中，炮弹发射出去后隔膜破裂，化学物质开始在弹壳内混合并发生反应，成为致命的毒剂。

另外，生活中常见的泡沫灭火器的原理也和气步甲虫毒液产生的原理相似。两个容器分别装有硫酸铝和碳酸氢钠溶液。平时两种药品互不接触。一旦发生火灾需要灭火时，只要把灭火器倒转过来，碳酸氢钠与硫酸铝两种化学物质就会相互混合，发生剧烈的化学反应，生成大量的二氧化碳气体。二氧化碳气体覆盖在燃烧物表面，将其与空气隔绝，火焰就会逐渐熄灭了。

无头蟑螂会跑吗

你或许见过蟑螂，这种褐色的蜚蠊目昆虫在中国就有250多种！其中数十种会入侵到我们家中，生活在温暖、潮湿、食物丰富和多缝隙的地方。蟑螂非常令人厌恶，它们什么都吃，不管香的臭的、软的硬的，只要含有动物蛋白就喜欢，甚至酒也在它们的食谱上。不仅如此，蟑螂们还边吃边拉，粘带病菌，污染食物，传播各种疾病……更可怕的是蟑螂的生命力非常旺盛，即便头掉了，还能生存好几天！这是怎么回事呢？

大家知道，人类的血液循环系统是闭合式的，血管内部有压力，所以一旦刺破动脉，鲜血会喷射出来。但是蟑螂的血液循环系统是开放式的低压系统，

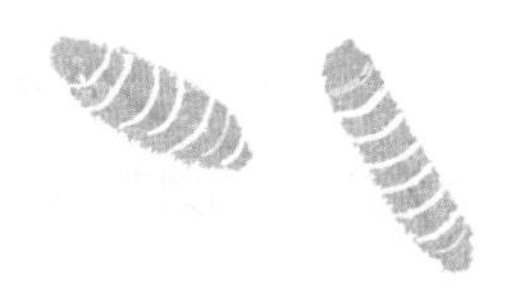

如果把蟑螂的头切掉，伤口的血液很快会因为血小板作用而凝固，不至于血流不止。而且，蟑螂不需要大脑来控制呼吸功能，也不需要血液来运送氧。蟑螂只需要通过气门管道——每段身体上都有的一些小孔，就可以直接呼吸空气。另外，蟑螂的神经系统和人类不同，它的头部和躯干连接不紧密，头部切断不会影响到它身体的运动，因此无头蟑螂照样能逃跑。

蟑螂属于冷血动物，它们需要的食物很少。它们吃上一餐就能维持数周。没头蟑螂一般不会乱跑，这样也减少了体力消耗。所以在实验室条件下，没头的蟑螂只要没有遇上掠食者，伤口不被感染，它们甚至能活一个月！

实验人员还把蟑螂放进水里，让人不可思议的是，等蟑螂一动不动许久，再把它从水中捞出，过一会后，它又“复活”了！

蟑螂这种神奇技能是在漫长的进化过程中形成的。早在恐龙时代，蟑螂就已经出现在地球上了。蟑螂的繁殖能力极强，雌雄蟑螂交配后，雌蟑螂的尾端便长出一个形如豆荚状的东西，叫做卵鞘，卵就产在其中。一只雌虫少则产 10 多个、多则产近百个卵鞘；一个卵鞘中少则孵出 10 多只、多则孵出 50 多只小蟑螂。更不可思议的是，雌蟑螂一生只需交配一次就能持续产卵。日本研究人员还发现，只要 3 只以上的雌性蟑螂生活在一起，它们就可以通过孤雌繁殖的方式快速繁育后代，整个过程不需要雄性的参与。生活在一起的雌性数量越多，它们一起产卵的时间就越早。

这些研究，也许今后能为我们诱捕家里的蟑螂提供新的策略。

飞鸟撞飞机的难题

大部分人会认为，血肉之躯的飞鸟在天空中撞上钢筋铁骨的飞机，根本就是以卵击石，“卵”破碎，而“石”则安然无恙。事实上，当飞机与飞鸟在空中相撞，鸟的确粉身碎骨，但飞机不会安然无恙，轻者被撞破损，影响飞行员操作；重者发动机失灵紧急迫降，甚至可能酿成重大灾难，机毁人亡。

近年来最为人关注的飞鸟撞飞机事故发生在 2009 年，一架飞机从纽约起飞 90 秒后，爬升到 1000 米高空，突然撞上一群加拿大黑雁，导致两台发动机全部失去动力，飞机迫降哈德逊河，所幸机上人员全数生还。但在 1960 年的波士顿，飞机上的乘客就没这么幸运了。一群椋鸟撞上一架刚刚起飞的飞机，飞机失去动力坠毁在附近的港口，机上 62 人全部遇难。飞机遇上飞鸟容易酿成悲剧，这一点军机比民航体会更深。

在过去的几十年里，各国因为撞鸟而坠毁的军用飞机超过了250架！

为什么小小鸟儿能对飞行中的飞机造成如此巨大的危害呢？自从飞机发明以来，如何避免飞机与飞鸟相撞，一直是航空界众多科研人员绞尽脑汁试图破解的世界级难题。

在飞行过程中，虽然鸟的速度没有飞机快，但它们之间的相对速度很快。比如，当飞机的时速为 80 千米的时候，撞上一只体重 450 克的鸟，产生的力是 15 千牛；而当飞机的时速达 960 千米时，这个力会达到 144 000 千牛。再加上碰撞时间极短，此时机鸟相撞作用于飞机上的冲击力几乎相当于一颗炮弹打中飞机，威力巨大！鸟一般低空飞行，所以绝大多数鸟机相撞事件发生在机场 1500 米上空范围内，飞机起飞或降落时。

事实上，鸟机相撞并不是因为鸟喜欢飞机，原因是多方面的。一方面大多数机场处于城市郊区，本身就是鸟类栖息繁殖的首选之地；另一方面机场地温较高，还有适合昆虫、鼠类等生活的草地，鸟类食物充足；而机场开阔的地域也常常成为迁徙鸟类的聚集地或落脚点。诸多因素导致飞鸟撞机事件时有发生。

所以，如今世界上所有的民用和军用机场都装有驱鸟设备。这类驱鸟设备手段五花八门，有的是发出让鸟类感到紧张或恐惧的声音，有的是模仿鸟类天敌，甚至猛禽的形象，有的是喷洒鸟类不喜欢气味的药剂……另外还有防鸟网、激光驱鸟器等等。近几年，意大利民航局使用一种机器人来驱逐鸟儿。这种机器人利用特殊的声波驱鸟，升空 8 秒钟以后，周围 1000 米内的各种鸟都惊慌飞离，更远处的鸟偶尔也会被吓跑。净空时间长达 90 分钟，是目前所有的驱鸟方法中效果最好的方法。

图书在版编目（CIP）数据

无眼大眼狼蛛到底有没有眼睛：奇奇怪怪的动物冷知识 / 施鹤群著. —上海：上海科技教育出版社，2019.8
（尤里卡科学馆）

ISBN 978-7-5428-6704-9

Ⅰ. ①无…　Ⅱ. ①施…　Ⅲ. ①动物—青少年读物　Ⅳ. ①Q95-49

中国版本图书馆CIP数据核字（2018）第099435号

责任编辑　程　着　刘丽曼
装帧设计　李梦雪

尤里卡科学馆

无眼大眼狼蛛到底有没有眼睛
——奇奇怪怪的动物冷知识

尹传红　主编
施鹤群　著
李梦雪　插图

出版发行　上海科技教育出版社有限公司
（上海市柳州路218号　邮政编码200235）
网　　址　www.sste.com　www.ewen.co
经　　销　各地新华书店
印　　刷　常熟市文化印刷有限公司
开　　本　720×1000　1/16
印　　张　10.25
版　　次　2019年8月第1版
印　　次　2019年8月第1次印刷
书　　号　ISBN 978-7-5428-6704-9/N·1026
定　　价　48.00元